FORSCHUNGSBERICHTE DES LANDES NORDRHEIN-WESTFALEN

Nr. 2133

Herausgegeben im Auftrage des Ministerpräsidenten Heinz Kühn
von Staatssekretär Professor Dr. h. c. Dr. E. h. Leo Brandt

DK 548.73: 666.763.51

Privatdozent Dr. rer. nat. Wolfgang Krönert

Dr. rer. nat. Gerhard Rehfeld

Institut für Gesteinshüttenkunde
der Rhein.-Westf. Techn. Hochschule Aachen

Untersuchungen im System Al_2O_3–SiO_2
Das Umwandlungsverhalten von Kyanit, Andalusit und Sillimanit

SPRINGER FACHMEDIEN WIESBADEN GMBH 1971

ISBN 978-3-663-19937-3 ISBN 978-3-663-20282-0 (eBook)
DOI 10.1007/978-3-663-20282-0

Ursprünglich erschienen bei Westdeutscher Verlag GmbH, Köln und Opladen 1971
Gesamtherstellung: Westdeutscher Verlag

Inhalt

1. Einleitung

Betrachtet man die Entwicklung der Hochtemperatur-Röntgenographie, so gehen die Anfänge dieser Entwicklung bis in die Jahre 1920–1925 zurück. Schon damals versuchte man, Phasenveränderungen in Materialien röntgenographisch zu erfassen, indem man diese während der Röntgenaufnahme mittels Widerstandsheizung erhitzte. Jedoch erfolgte bei allen diesen Hochtemperatur-Röntgenkammern die Registrierung der reflektierten Röntgenstrahlung noch photographisch.

Das Innere der Röntgenkammer war meist mit Luft oder Schutzgas gefüllt und die Wandungen wurden mit Wasser gekühlt. Nachteilig war bei dieser anfänglichen Hochtemperatur-Röntgenographie vor allem die photographische Registrierung. Für eine gute Ausbildung der Schwärzungslinien auf dem Röntgenfilm ließ sich eine längere Belichtungszeit nicht umgehen. Damit jedoch wurde die zeitabhängige Phasenumwandlung der verschiedenen Mineralien nicht mehr sicher erfaßt. Die genaue röntgenographische Erfassung der temperatur- und zeitabhängigen Umwandlungspunkte von Materialien wurde erst möglich, als man das Debye-Scherrer-Verfahren mit leistungsfähigen Hochtemperatur-Diffraktometern verknüpfte. Im ersten Stadium dieser Entwicklung untersuchten verschiedene Autoren (u. a. Birks [1]) das Verhalten von Metallen bei hohen Temperaturen. Dabei wurden dünne Metallbänder verwendet, die dann direkt mittels Widerstandsheizung aufgeheizt wurden.

Die elektrische Charakteristik, das Reaktionsvermögen des Metalls in variabler Atmosphäre und sein Schmelzpunkt begrenzten jedoch den Untersuchungsbereich.

Sowman und Andrews [2] benutzten erstmals ein bandförmiges Heizelement aus Platin-20%-Rhodium zur Untersuchung nichtleitender Substanzen. Eine Mulde im Heizband diente dabei zur Probenaufnahme. Zusätzlich wurde oberhalb der Probenoberfläche ein zweites Heizband angebracht, um einen besseren Temperaturausgleich zu erreichen.

Intrater und Hurwitt [3, 4] verbesserten das Heizelement zu der Form, wie es heute in der Norelco-X-86-N-Hochtemperatur-Röntgenkammer zur Anwendung kommt. Über diese Hochtemperatur-Röntgenkammer, die auch für die vorliegenden Untersuchungen verwendet wurde, ist besonders von D. K. Smith [5] ausführlich berichtet worden. Nach D. K. Smith liegen die Probleme der Hochtemperatur-Röntgenographie einmal in der Erreichung hoher Temperaturen selbst, zum anderen in der Erzielung minimaler thermischer Gradienten, sowie einer gleichmäßigen Oberflächentemperatur. Dabei hängt der Temperaturgradient einmal von dem guten Kontakt der Probe mit dem Heizelement ab, zum anderen von der Wärmeleitfähigkeit des Probenmaterials und von der Gleichmäßigkeit der aufgetragenen Schicht.

Zur Kontrolle der Genauigkeit der Temperaturmessung verwendete Smith Substanzen, die ein scharf begrenztes Schmelzverhalten aufweisen, z. B. NaCl, K_2SO_4, CaF_2 sowie Al_2O_3. Hinsichtlich der Präparation muß einmal auf eine möglichst feine Korngröße, zum anderen auf eine möglichst dünne und homogene Schichtdicke des Probenmaterials geachtet werden. Je größer die Packungsdichte der Proben ist, desto stärker ist die Intensität der reflektierten Röntgenstrahlung und desto besser auch der Wärmetransport innerhalb der Probenschicht. Um einen minimalen Temperaturgradienten zu erhalten, sollte die Probe so dünn wie möglich aufgebracht werden.

Smith untersuchte u. a. BeO in Form von 0,25 mm dünnen Plättchen. Besaßen die Heizelemente eine genügend ebene Oberfläche und war demzufolge überall ein guter

Kontakt zwischen Probe und Heizelement vorhanden, so ließen sich bei Temperaturen von ca. 2000° C noch minimale Temperaturgradienten von ca. 20° C erreichen. Bei einem Material mit einer wesentlich schlechteren Wärmeleitfähigkeit, z. B. UO_2, mußte bei einer Versuchstemperatur von 1500° C ein Temperaturunterschied zwischen Heizelement und Probe von 300° C in Kauf genommen werden. Ähnlich ungünstige Werte stellte SMITH auch bei vielen in der Keramik verwendeten Oxiden fest.
Hinsichtlich der genauen Justierung der Probenoberfläche als tangentiale Berührungsfläche an den Rowlandkreis muß gesagt werden, daß hierfür nicht die äußere Oberfläche der Probe in Frage kommt, sondern die Ebene der wirksamen Tiefe der eindringenden Röntgenstrahlung. Diese Tiefe wird als Fläche definiert, oberhalb derer 50% der Röntgenstrahlen reflektiert werden.
Die verschiedenen Anwendungsmöglichkeiten der Norelco-Hochtemperatur-Röntgenkammer sind in jüngerer Zeit auch von M. SEMLITSCH [16] ausführlich beschrieben worden. Die Anwendung der modernen Hochtemperatur-Röntgenographie erstreckt sich sowohl auf die Beobachtung des Modifikationswechsels reiner Verbindungen als auch auf die Phasenumwandlung polykristalliner Gemische. Derartige Untersuchungen sind besonders interessant im Hinblick auf Untersuchungen der Sinterungs- und Reaktionskinetik in der keramischen Industrie.
Im folgenden wurde versucht, das Umwandlungsverhalten verschiedener Alumosilikate aufzuklären und insbesondere die jeweiligen Umwandlungstemperaturen festzulegen. Um den Einfluß der verschiedenen Faktoren bei der Anwendung der Hochtemperatur-Röntgenkammer zu berücksichtigen, waren umfangreiche Vorversuche erforderlich.

2. Allgemeines und Funktionsprinzip der Norelco-X-86-N-Hochtemperatur-Röntgenkammer

Die Norelco-X-86-N-Hochtemperatur-Röntgenkammer wurde mit einem Philips-Großwinkel-Goniometer kombiniert und ließ sich prinzipiell für folgende Untersuchungen verwenden:

a) Röntgenbeugungsuntersuchungen an plättchenförmigen oder pulverförmigen Proben bei normalen und hohen Temperaturen. Je nach Heizelementmaterial ließen sich Temperaturen von 1500 bis 2000° C erreichen.
b) Röntgenbeugungsuntersuchungen an festen oder pulverförmigen Proben bis zu Temperaturen von — 120° C. Die Kühlung der Proben erfolgte über einen Kupferblock mit Spülung von flüssigem Stickstoff.
c) Röntgenbeugungsuntersuchungen von festen oder pulverförmigen Proben unter Vakuum, Überdruck oder Inertgas.
d) Untersuchung der thermischen Ausdehnung an plättchenförmigen oder pulverförmigen Proben.

Die Abb. 1* zeigt die Röntgenhochtemperaturkammer am Philips-Großwinkel-Goniometer.
Für eine genaue Justierung und ein einwandfreies Funktionieren der Röntgenkammer müssen bestimmte Voraussetzungen erfüllt sein.

* Die Abbildungen stehen im Anhang ab Seite 30

a) Die Längsachse des Brennflecks, die Achse des Großwinkel-Goniometers und die Achse des Einlaßschlitzes müssen parallel zueinander liegen.
b) Die Projektion der Probenoberfläche auf die Ebene des Fokussierungskreises sollte eine Gerade sein, die den Fokussierungskreis als Tangente berührt. Der Berührungspunkt muß mit der Projektion des Probenmittelpunktes zusammenfallen. Diese Bedingung muß für alle Stellungen des Großwinkel-Goniometers erhalten sein.
c) Die Mitte der Probe muß deshalb in der Achse des Goniometers liegen.
d) Der Brennfleck und der Zählrohreintrittsspalt müssen gleich weit vom Mittelpunkt der Probe entfernt sein.
e) Die Mittelpunkte des Brennflecks, der Probe und des Einlaßschlitzes müssen in einer Ebene liegen, auf welcher die Achse des Goniometers senkrecht steht. Die Bedingungen a) und c) werden automatisch erfüllt, wenn das Philips-Großwinkel-Goniometer vor dem Anbringen des Hochtemperaturzusatzes bereits justiert wurde.

Die nächste Aufnahme (Abb. 2) zeigt noch einmal einen Ausschnitt aus der Hochtemperatur-Röntgenkammer.
In der Mitte ist der Heizblock für die Aufnahme des Heizelementes mit der wassergekühlten elektrischen Zuleitung zu sehen. Der gesamte Block läßt sich durch zwei Rändelschrauben in der Höhe verstellen und um eine Achse senkrecht zur Goniometer-Achse kippen. Damit kann man die Probenoberfläche genau tangential an den Rowlandkreis justieren. Beim Höhenverstellknopf entspricht eine Umdrehung einer Anhebung der Probe bzw. Absenkung um 0,0005 inch = 0,0127 mm. Diese Höhenänderung entspricht wiederum einer Winkelverschiebung Θ = 0,005 grd. Das Funktionsprinzip und der Strahlengang in der Röntgenhochtemperaturkammer wird noch einmal in Abb. 3 schematisch dargestellt.

3. Herstellung der Heizelemente und Einbau sowie Anschluß der Thermoelemente

Für unsere ersten orientierenden Versuche haben wir Heizelemente aus Platin-Rhodium-30 verwendet, die in einer Form (Abb. 4) von Hand gepreßt wurden. Außer diesen Heizelementen mit ebener Oberfläche konnten weiterhin Heizelemente mit einer eingepreßten Vertiefung hergestellt werden. Letztere finden vornehmlich bei der Untersuchung von Proben, die beim Aufheizen teilweise schmelzen, ihren Einsatz. Bei der Herstellung der normalen Heizelemente ist vor allem darauf zu achten, daß die Oberfläche des Elementes exakt eben ist. Die Legierung für das Heizelement ist so gewählt, daß die thermische Ausdehnung ein Minimum beträgt. Die Dicke des Bleches von 0,1 mm ist in etwa einzuhalten, da sonst leicht Risse beim Pressen entstehen. Das Befestigen des Thermoelementes erfolgt durch Punktschweißen an der Unterseite des Heizbleches. Am besten sind Thermodrähte von 0,25 mm Stärke. Beim Einbau des Heizelementes in den Heizblock ist besonders darauf zu achten, daß die beiden Seitenlaschen gleiche Länge haben, da es sonst zu einer inhomogenen Temperaturverteilung auf der Oberfläche des Heizbleches kommt. Ein zu rasches Aufheizen des Heizbleches ist zu vermeiden, da sonst leicht Verzug des Bleches und Verkrümmung der Heizelementoberfläche eintritt.

4. Justierung der Kammer

Bei der Justierung der Kammer bzw. des Heizelementes in der Kammer wird zunächst so vorgegangen, daß eine mitgelieferte Justierstange in zwei Zapfen innerhalb der Kammer eingesetzt wird. Mittels der Höhenverstellschraube muß das Heizelement so verstellt werden, daß seine Oberfläche unterhalb der Achse des Gerätes zu liegen kommt. Erst wenn mittels des Höhen- und des Azimut-Verstellknopfes die obere Fläche des Präparatträgers parallel zur unteren Fläche der Justierstange liegt, ist das Heizelement und damit die Probenoberfläche exakt tangential zum Rowlandkreis justiert.

Das Philips-Großwinkel-Goniometer wird mit Hilfe der Winkelverstellkurbel in seine mechanische Nullstellung gebracht. Dann müssen mit Hilfe eines 30 cm langen Lineals die Kammerstifte, das Röntgenstrahlaustrittsfenster und der Eintrittsschlitz zueinander ausgerichtet werden. Anschließend wird das Goniometer auf einen Winkel von $2\,\Theta = 20°$ eingestellt und die Röntgenstrahlung eingeschaltet. Mittels eines Leuchtschirmes aus ZnS wird das Schattenbild des Probenträgers beobachtet. Die Hochtemperatur-Röntgenkammer wird so lange in axialer Richtung verschoben, bis der Schatten des Probenträgers in die Mitte des Röntgenbildes fällt. Nach dem Ausschalten der Röntgenstrahlung kann das Heizelement mit Hilfe des Höhenverstellknopfes soweit heruntergedreht werden, daß es etwa 0,15 mm unterhalb der Achse des Goniometers zu liegen kommt.

Die Einstellung des wahren Null-Punktes des Goniometers muß mit Hilfe einer Eichsubstanz erfolgen. Im vorliegenden Fall wurde K_2SO_4 und Quarz verwendet. Nach dem Aufbringen der Probensubstanz auf das Heizelement wurde dieses in der oben beschriebenen Weise justiert und anschließend das Goniometer auf den zu erwartenden stärksten Reflex eingestellt. Für Quarz wurde dazu die 3,343-Å-Interferenz und für K_2SO_4 die 2,903-Å-Interferenz ausgewählt. Nachdem das Goniometer auf das Interferenzmaximum eingestellt worden war, wurden die Winkelschrauben am Goniometer gelöst und um den Betrag verschoben, um den der Winkel von dem Wert abwich, der in der ASTM-Kartei für die genannten Interferenzen angegeben war. Durch Verstellen der Azimut- und Höhenverstellschrauben an der Röntgenhochtemperaturkammer wurde nochmals auf die maximale Intensität des Reflexes nachjustiert.

Mit einer Winkelgeschwindigkeit von $2\,\Theta = 1°$ pro Minute wurde dann kontrolliert, ob die Maximalintensitäten sich bei den bekannten Winkeln einstellen. Wenn beide Geräte einwandfrei einjustiert sind, so müssen die Reflexwinkel mit einer Genauigkeit von $\pm$ 0,01° eingehalten werden. Sollte dies nicht der Fall sein, so muß die Eichung wiederholt werden. Um die Genauigkeit der Justierung zu überprüfen, wurde mit K_2SO_4 eine Parallelaufnahme bei 20°C in einer weiteren Röntgenapparatur gefahren. β-K_2SO_4 wurde trocken ca. 0,1 mm stark präpariert. Die relativen Intensitäten wurden aus Höhe $\times$ Halbwertsbreite berechnet. Die stärkste Interferenz wurde gleich 100 gesetzt. Die Meßwerte beider Vergleichsaufnahmen sind in der folgenden Tab. 1 zusammengestellt.

Die Ergebnisse zeigen eine gute Übereinstimmung der *d*-Werte im gesamten Untersuchungsbereich. Starken Schwankungen sind allerdings die Intensitätswerte unterworfen. Diese Tatsache ist auf die verschiedene Art der Präparation bei der Hochtemperatur-Röntgenkammer und bei der normalen Röntgenapparatur zurückzuführen. Die Intensität der mit der Hochtemperatur-Röntgenkammer gefahrenen Aufnahme ist wesentlich niedriger. Deutlich werden auch auf dieser Aufnahme die Interferenzen der Platin–Rhodium-Unterlage sichtbar (Abb. 5 und 6).

Tab. 1 Vergleich der d-Werte und der relativen Intensitäten von β-K_2SO_4 aus Aufnahmen mit der Hochtemperatur-Röntgenkammer und mit einem herkömmlichen Röntgengoniometer

ASTM-Kartei		Hochtemperaturkammer Co-K_α/2/8/1/20° C		Röntgenapparatur Nr. 1 Cu-K_α/4/0,6/16/20° C	
d (Å)	relative Intensität	*d* (Å)	relative Intensität	*d* (Å)	relative Intensität
2‘002	7	2,003	6	2,007	4
2,082	25	2,085	38	2,087	15
2,206	14	2,206	14	2,212	6
2,230	19	2,232	Pt	2,236	14
2,374	17	2,372	4	2,379	9
2,386	13	2,383	5	2,386	7
2,428	25	2,421	35	2,428	24
2,499	15	2,500	14	2,507	9
2,518	13	2,519	14	2,525	24
2,903	100	2,904	100	2,912	100
3,001	77	2,993	58	3,007	67
3,062	8	3,065	2	3,076	6
3,140	9	3,133	3	3,146	4
3,384	13	3,381	1	3,401	7
3,508	6	3,513	1	3,520	4
3,611	< 1				
3,743	18	3,747	16	3,754	16
3,862	< 1				
4,176	28	4,175	20	4,191	35

5. Einfluß von Azimut- und Höhenverstellung der Probenoberfläche auf die Messung

In der Skizze Abb. 7 ist gezeigt, wie durch das Herunterdrehen des Heizelementes zwar der Reflexionswinkel seiner Größe nach erhalten bleibt, aber der Brennpunkt wesentlich verschoben wird.

Dadurch nimmt die Intensität der reflektierten Röntgenstrahlung ab, und die Messung erfolgt in Wirklichkeit bei einem kleineren Reflexionswinkel als auf dem Goniometer eingestellt. Bei einer Erhöhung der Probenoberfläche ist das Gegenteil zu erwarten. Entsprechend der Braggschen Beziehung

$$\vartheta \cdot \lambda = 2\, d \cdot \sin \Theta$$

$$d = \frac{\vartheta \cdot \lambda}{2 \sin \Theta} \qquad \text{bzw.}$$

folgt, daß bei großem Θ d klein wird und umgekehrt.

Es sollte dies hier gezeigt werden, da man beim Präparieren leicht zu verschiedenen Schichtdicken gelangt. Außerdem neigen viele Proben auch bei langsamem Aufheizen zum Verziehen. Somit kann es vorkommen, daß trotz genauer Einstellung bei Beginn

der Messung bei höheren Temperaturen die geometrischen Bedingungen nicht mehr exakt erfüllt sind. Da dann auch die *d*-Werte nicht mehr stimmen, müßten diese Messungen verworfen werden. Noch kritischer sind diese Phänomene bei der Verwendung von Scheiben als Probenmaterial, da diese noch stärker zum Verziehen oder zum Verwerfen neigen. Bei Kenntnis der thermischen Ausdehnung des Probenmaterials kann mit Hilfe der Höhenverstellschraube diese Ausdehnung kompensiert werden. Dabei muß natürlich auch noch die Ausdehnung des Probenhalters berücksichtigt werden.
Hinsichtlich des Azimuts gilt, daß es für die maximale Intensität einer Interferenz nur einen Azimutwert gibt. Demzufolge sind schon geringe Abweichungen von diesem Wert mit einer starken Intensitätseinbuße verbunden. Diese Tatsache läßt sich auch aus der Schemaskizze (Abb. 8) ableiten.
Insbesondere wird es durch Veränderung des Azimuts möglich, kleine Unregelmäßigkeiten der Probenoberfläche zu korrigieren. Dabei geht man am besten so vor, daß man den Reflexionswinkel der stärksten Intensität erst einstellt, und dann den Azimut der Probenoberfläche schrittweise so lange verändert, bis das Intensitätsmaximum erreicht ist. Voraussetzung ist natürlich hier, daß die vorhergehende Höheneinstellung der Probe exakt vorgenommen wurde.

6. Aufbereitung der zu untersuchenden Substanzen und Auftragetechnik

Die zu untersuchenden Substanzen sollten grundsätzlich so aufbereitet sein, daß ihre maximale Korngröße 10 μm nicht überschreitet. Die maximale Schichtdicke der Probe soll ca. 0,15 mm nicht übersteigen. Das Kornspektrum der Substanz ist so zu wählen, daß die Lücken zwischen den maximal 10 μm großen Körnern von feinerem Material ausgefüllt werden. Damit wird eine möglichst gute Packungsdichte bei schon geringen Schichtstärken erreicht, was sich zur Erzielung einer höheren Intensität günstig auswirkt. Es sei hier nochmals darauf hingewiesen, daß die Oberfläche des Probenhalters genau eben und frei von Verunreinigungen sein muß. Die Oberfläche des Probenhalters kann auf ihre Ebenheit mit einem Haarlineal geprüft werden.
Schon einmal benutzte Heizleiter lassen sich durch Auskochen in HF sehr gut reinigen.
Für die Aufbringung des Probenmaterials gibt es grundsätzlich zwei Wege:

a) Mit Hilfe eines feinen Spachtels wird eine möglichst kleine Menge des Probenpulvers auf die Mitte des Heizbleches gebracht und durch vorsichtiges Streichen auf der Oberfläche möglichst gleichmäßig verteilt. Für Untersuchungen bei Raumtemperatur muß geprüft werden, ob bei steilem Winkel des Goniometers die Probe noch auf der Oberfläche des Heizbleches haftet. Für höhere Temperaturen ist diese Tatsache nicht mehr so kritisch, da meist eine, wenn auch geringe Klebwirkung zwischen Probe und Platin-Rhodiumblech besteht.
b) Die fein gepulverte Substanz wird in einer organischen, leicht verdampfbaren Flüssigkeit suspendiert und mit einer Pipette auf das Heizblech aufgebracht. Als Suspensionsmittel werden Äther oder ein Gemisch von Äther und Alkohol, andernfalls auch Aceton, verwendet. Größe und Anzahl der Tropfen müssen variiert werden, um eine möglichst dünne aber homogene Probenschicht auf dem Heizblech zu erzeugen. Um Reste der Suspensionsmittel zu verdampfen, wird die Probe vor-

sichtig auf ca. 50° aufgeheizt und einige Zeit bei dieser Temperatur belassen. Nach dem Abkühlen kann dann mit der Messung begonnen werden.
Das erste Auftrageverfahren muß besonders dann gewählt werden, wenn die zu untersuchende Substanz mit dem Dispersionsmittel reagiert oder wenn bei Gemischen eine Entmischung der Komponenten im Dispersionsmedium auftritt.

Es muß bei beiden Verfahren darauf geachtet werden, daß das Probenmaterial vornehmlich in der Mitte des Heizblechs aufgebracht wird, zumindest in der Zone, bei der man eine homogene Temperatur erwarten kann. Die Ränder des Heizbleches sollten auf alle Fälle frei von Probenmaterial sein, da schon hier ein starker Temperaturabfall zu erwarten ist. Das Aufheizen der Probe muß langsam geschehen, damit kein Aufblähen der Probenschicht stattfindet.

7. Abschätzung der Eindringtiefe der Röntgenstrahlen in das Präparat

Zur Festlegung der erforderlichen Mindestschichtdicke für die Probe ist es notwendig, die Eindringtiefe der Röntgenstrahlen vorerst abzuschätzen. Wird diese Schichtdicke so gering, daß das Präparat durchstrahlt wird, so sind starke Intensitätseinbußen die Folge. Vor allem für quantitative Bestimmungen ist es erforderlich, daß das Präparat eine für die Röntgenstrahlung quasi unendliche Dicke aufweist. In der Praxis muß daher das Präparat so dick gewählt werden, daß das durchstrahlte Volumen auch von Substanz erfüllt ist. Diese Dicke ist bei verschiedenem Material unterschiedlich und hängt vom Massenschwächungskoeffizienten ab. Für die Schwächung der Intensität der einfallenden Röntgenstrahlung (I_0) gilt, wenn I die Intensität der gebeugten Strahlung, μ den Absorptionskoeffizienten und x' den Absorptionsweg bedeuten:

$$I = I_0 \cdot e^{-\mu x'}$$

Zum Beispiel sei gegeben:

$$\mu^*_{\text{Quarz}} = 35 \qquad \mu^* = \frac{\mu}{\varrho}$$

$$\varrho_{\text{Quarz}} = 2{,}65 \text{ (Bergkristall)}$$

$$\sin\vartheta = \frac{x}{x'}$$

$$x = \frac{2{,}3\,(\lg I_0 - \lg I)}{\mu^* \cdot \varrho} \sin\vartheta \text{ (cm)}$$

Bezüglich des Intensitätsverlustes wurden einmal 10% und zum anderen 20% angenommen. Für ϑ wurde ein oberer Grenzwert von 40° und ein unterer Grenzwert von 10° gewählt.

1. $I = 90\%$, $\vartheta = 40°$
$$x = \frac{2{,}3\,(2{,}00 - 1{,}954)}{35 \cdot 2{,}65} \sin 40° = \frac{0{,}1053}{92{,}8} \cdot 0{,}643 = 0{,}0073 \text{ mm}$$

2. $I = 90\%$, $\vartheta = 10°$
$$x = \frac{2{,}3\,(2{,}00 - 1{,}954)}{35 \cdot 2{,}65} \sin 10° = \frac{0{,}1053}{92{,}8} \cdot 0{,}174 = 0{,}0020 \text{ mm}$$

3. $I = 80\%$ $\quad x = \frac{2{,}3\,(2{,}00 - 1{,}903)}{35 \cdot 2{,}65} \sin 40^\circ = \frac{0{,}2229}{92{,}8} \cdot 0{,}643 = 0{,}0155$ mm
$\vartheta = 40^\circ$

4. $I = 80\%$ $\quad x = \frac{2{,}3\,(2{,}00 - 1{,}903)}{35 \cdot 2{,}65} \sin 10^\circ = \frac{0{,}2229}{92{,}8} \cdot 0{,}174 = 0{,}0042$ mm
$\vartheta = 10^\circ$

Die Ergebnisse zeigen, daß mit einer Schichtdicke von 0,05 bis 0,1 mm die Bedingung der unendlichen Dicke immer erfüllt ist.

8. Temperaturmessung und ihre Einflußgrößen

8.1 Einfluß der Schichtdicke

Da eine genaue Messung der Schichtdicke über den gesamten Probenbereich nicht möglich ist und außerdem eine genaue Bestimmung der Oberflächentemperatur nur schwierig zu bewerkstelligen ist, wurde dieses Problem auf rechnerischem Wege gelöst. Unter der Voraussetzung, daß die Hochtemperatur-Röntgenkammer evakuiert wird und somit eine Wärmeübertragung durch Konvektion wegfällt, wurden die Berechnungen für eine Heizelementtemperatur von 1000°C durchgeführt. Als Probenmaterial wurde Bergkristall kleiner 10 μm verwendet.

Gegeben:

Wärmeleitfähigkeit

$$\lambda_{\beta\text{-Quarz}} = 1{,}4 \frac{\text{kcal}}{\text{m}^2 \cdot \text{h} \cdot \text{grad}}$$

Außentemperatur

$$\vartheta_a = 291^\circ\text{K}$$

Temperatur des Heizelementes

$$\vartheta_1 = 1273^\circ\text{K}$$

Strahlungsziffer, d. h. Wärmeübergangszahl von der Probenoberfläche an die Heizkammerwandung

$$\alpha_a = 65 \frac{\text{kcal}}{\text{m}^2 \cdot \text{h} \cdot \text{grad}}$$

Schichtdicke

$$s = 0{,}1 - 1{,}0 \text{ mm (variabel)}$$

Temperatur an der Oberfläche der Probe ϑ_2

Lösung:

Aus dem Fourierschen Ansatz folgt:

$$q = -\lambda \frac{\partial \vartheta}{\partial x} \quad \frac{\text{kcal}}{\text{m}^2 \cdot \text{h}}$$

$$q = -\lambda \frac{\vartheta_2 - \vartheta_1}{s} \quad \frac{\text{kcal}}{\text{m}^2 \cdot \text{h}}$$

Für die Wärmestromdichte in der Probe gilt:

$$q = \frac{\lambda}{s}\,(\vartheta_1 - \vartheta_2)$$

Für die Wärmestromdichte von der Probenoberfläche an die Umgebung erhält man:

$$q = \alpha_a \cdot (\vartheta_2 - \vartheta_a)$$

Im stationären Zustand gilt ferner:

$$q = \text{const.}$$

Es werden zwei Gleichungen mit zwei Unbekannten erhalten, aus denen die Oberflächentemperatur der Probe errechnet werden kann.

$$\vartheta_2 = \frac{\frac{\lambda}{s}\,\vartheta_1 + \alpha_a \cdot \vartheta_a}{\alpha_a + \frac{\lambda}{s}}$$

Schichtdicke s [mm]	ϑ_2 [°K]	$\Delta\vartheta$ [°]
0,1	$\vartheta_2 = \frac{1{,}4 \cdot 10^4 \cdot 1273 + 65 \cdot 291}{65 + 1{,}4 \cdot 10^4} = 1268$	5
0,2	$\vartheta_2 = \frac{0{,}7 \cdot 10^4 \cdot 1273 + 65 \cdot 291}{65 + 0{,}7 \cdot 10^4} = 1264$	9
0,3	$\vartheta_2 = \frac{0{,}466 \cdot 10^4 \cdot 1273 + 18915}{65 + 0{,}466 \cdot 10^4} = 1260$	13
0,4	$\vartheta_2 = \frac{0{,}35 \cdot 10^4 \cdot 1273 + 18915}{65 + 0{,}35 \cdot 10^4} = 1255$	18
0,5	$\vartheta_2 = \frac{0{,}28 \cdot 10^4 \cdot 1273 + 18195}{65 + 0{,}28 \cdot 10^4} = 1251$	22
0,6	$\vartheta_2 = \frac{0{,}233 \cdot 10^4 \cdot 1273 + 18915}{65 + 0{,}233 \cdot 10^4} = 1246$	27
0,7	$\vartheta_2 = \frac{0{,}2 \cdot 10^4 \cdot 1273 + 18915}{65 + 0{,}2 \cdot 10^4} = 1242$	31
0,8	$\vartheta_2 = \frac{0{,}175 \cdot 10^4 \cdot 1273 + 18915}{65 + 0{,}175 \cdot 10^4} = 1238$	35
0,9	$\vartheta_2 = \frac{0{,}156 \cdot 10^4 \cdot 1273 + 18915}{65 + 0{,}156 \cdot 10^4} = 1234$	39
1,0	$\vartheta_2 = \frac{0{,}14 \cdot 10^4 \cdot 1273 + 18915}{65 + 0{,}14 \cdot 10^4} = 1229$	44

Aus den Ergebnissen dieser Berechnung folgt, daß Schichtdicken größer als 0,2 mm auf jeden Fall zu vermeiden sind. Im allgemeinen ist es günstiger, den bei sehr geringen Schichtdicken auftretenden Intensitätsverlust zugunsten einer genaueren Temperaturmessung in Kauf zu nehmen. Zur genauen Temperaturmessung bietet sich die Möglichkeit an, mit Hilfe von Substanzen, die einen definierten Umwandlungspunkt aufweisen, eine Eichkurve aufzustellen. Die Schwierigkeit bei einer derartigen Eichung liegt allein in der Herstellung von reproduzierbaren Schichtdicken des jeweiligen Probenmaterials auf dem Heizelement.

8.2 Einfluß der Substanzart

Auch die Art der Substanzen beeinflußt die Genauigkeit der Temperaturmessung Einmal ist die homogene Temperaturverteilung in der Probe und die Größe der Temperaturgradienten direkt von der Wärmeleitfähigkeit des Untersuchungsmaterials abhängig. Hier ist besonders die Untersuchung der relativ schlecht wärmeleitenden keramischen Materialien problematisch. Zum anderen besteht ein indirekter Einfluß durch die kristallmorphologische Ausbildung des fein gemahlenen Materials. So läßt sich z. B. eine plättchen- oder schichtförmige Substanz viel leichter in einer geringen Schichtdicke präparieren als z. B. Materialien mit ausgesprochen körniger Struktur. Letztere müssen in einem möglichst hohen Feinheitsgrad vorliegen, wenn man eine große Packungsdichte in der Probenschicht und somit eine gute Intensitätsausbeute der reflektierten Röntgenstrahlung erreichen will.

8.3 Vakuumeinfluß

Beim Arbeiten unter Vakuum fällt die Wärmeübertragung durch Konvektion fort, so daß eine verbesserte Temperaturstabilität des Probenmaterials erreicht wird.

8.4 Genauigkeit der Temperaturmessung

Die Untersuchungen haben ergeben, daß die Genauigkeit der Temperaturmessung von einer Reihe von Faktoren beeinflußt wird. So wird ein scharf definierter Umwandlungspunkt bei den Untersuchungen mit der Hochtemperaturkammer immer etwas verzerrt, es entsteht eine Hysterese. Bei den vorliegenden Untersuchungen konnten Temperaturabweichungen von maximal 20° C festgestellt werden. Diese Bedingungen sind bei guter Präparation und nicht zu großer Aufheizgeschwindigkeit durchaus einzuhalten.

9. Möglichkeiten zur Beobachtung von Phasenumwandlungen

9.1 $2\,\Theta$ = konstant, Temperatur variabel

Dieses Verfahren besitzt den Vorteil, daß die zeitliche Verzögerung, die sonst beim Überfahren eines bestimmten Winkelbereiches berücksichtigt werden muß, wegfällt. Nachteilig ist jedoch, daß sich das Maximum der Interferenz infolge der temperaturabhängigen Gitteraufweitung des Materials fortwährend zu kleineren Winkeln hin verschiebt. Um diesen Effekt korrigieren zu können, ist es erforderlich, Eichkurven aufzustellen, aus denen man dann den der jeweiligen Temperatur entsprechenden *d*-Wert einer charakteristischen Interferenz ablesen kann. Weiterhin tritt mit erhöhter Temperatur infolge Wärmeschwingung des Materials eine Einbuße von Intensität auf. Die exakte Bestimmung des Umwandlungspunktes ist dann mit Schwierigkeiten verbunden. Im Rahmen der hier durchgeführten Untersuchungen war eine Bestimmung des Umwandlungspunktes von K_2SO_4 nach der eben beschriebenen Methode nicht exakt möglich.

9.2 $2\,\Theta$ = variabel, Temperatur konstant

Bei dieser Art der Messung muß die Zeit berücksichtigt werden, die für das Überfahren eines bestimmten Winkelbereichs erforderlich ist. Die Zeit läßt sich aus der Winkelgeschwindigkeit und der Lage der Interferenz auf dem Meßstreifen entnehmen. Um den Zeiteinfluß gering zu halten, kann man sich darauf beschränken, die Interferenzen zu überfahren, die auf eine Phasenumwandlung des Materials am empfindlichsten reagieren.

10. Das Umwandlungsverhalten von K_2SO_4

Es sollen zunächst von β-K_2SO_4 und α-K_2SO_4 die bekannten kristallographischen Daten, die *d*-Werte, relativen Intensitäten und hkl-Werte angegeben werden. (s. Tabelle auf S. 16)

β-K_2SO_4 erfährt bei 583°C eine reversible Umwandlung in α-K_2SO_4, das bei 1076°C schmilzt. Hieraus ergab sich eine Möglichkeit zur Überprüfung der Genauigkeit der Temperaturmessung. Das Präparat wurde durch längeres Reiben in einem Achatmörser auf eine Kornfeinheit $< 10\,\mu$ gebracht, in einem Äther–Alkohol-Gemisch 1,5:1 suspendiert und mit einem Tropfer in geringer Konzentration auf den Probenhalter aufgebracht. Das Äther–Alkohol-Gemisch besitzt eine geringe Oberflächenspannung, die zu folgender Erscheinung Anlaß geben kann.

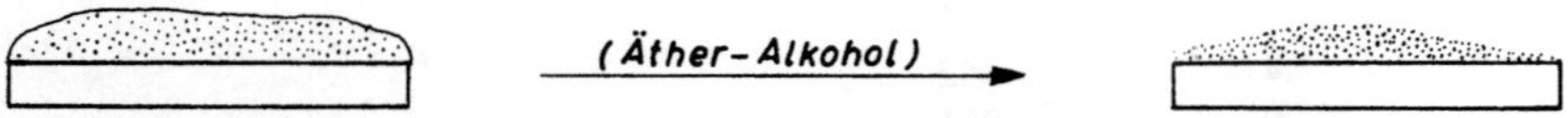

Einfluß der Oberflächenspannung des Äther-Alkohol-Gemisches auf die Verteilung der Schichtstärke auf dem Probenhalter.

Nach dem Verdunsten des Äther–Alkohol-Gemisches konnte verschiedentlich eine ungleichmäßige Dicke der Substanz auf dem Probehalter festgestellt werden. Dies bedingt sowohl Fehlmessungen der Temperatur als auch des Intensitätsmaximums. Zunächst wurde die Probe vorsichtig auf 50°C aufgeheizt, um Äther–Alkohol-Reste vollständig zum Verdunsten zu bringen. Anschließend wurden Röntgenuntersuchungen bei 20, 100, 200, 300, 400, 500, 570, 575, 580, 585, 590, 595 und 600°C durchgeführt, die später auf 700, 800, 900 und 1000°C ausgedehnt wurden. Außerdem wurde der Schmelzpunkt des Materials ermittelt. Obwohl die Temperaturen des Umwandlungspunktes und des Schmelzpunktes relativ gut reproduzierbar waren, ergab die weitere Auswertung der Diagramme stark wechselnde Intensitätsverhältnisse. Die Aufheizgeschwindigkeit betrug 10°C/min, die Schichtdicke lag unter 0,1 mm und war gleichmäßig. Bei der Beurteilung der Umwandlungstemperatur mußte berücksichtigt werden,

	β-K_2SO_4 Kristallsystem: Orthorhombisch	α-K_2SO_4 Kristallsystem: Hexagonal
	$D_{2H}^{16} — P_{mcn}$ $a_0 =$ 5,772 Å $b_0 =$ 10,072 Å $c_0 =$ 7,483 Å $Z =$ 4	$a_0 =$ 5,71 Å $c_0 =$ 7,85 Å

d (Å)	I/I_0	hkl	d (Å)	I/I_0	hkl
5,03	8	020	4,19	40	101
4,176	28	021	3,93	40	002
4,160	23	111	3,09	100	102
3,743	18	002	2,86	100	110
3,508	6	012	2,36	40	201
3,384	13	121	2,10	80	202
3,140	9	102	1,98	60	004
3,062	8	031	1,69	60	122
3,001	77	022, 112	1,65	40	300
2,903	100	130	1,63	40	114
2,886	53	200			
2,665	7	122			
2,602	2	211			
2,518	13	040			
2,499	15	032			
2,422	25	013			
2,386	13	041			
2,374	17	221			
2,230	19	113, 212			
2,206	14	141			
2,101	6	231			
2,089	25	042			
2,082	25	222			
2,002	7	033			
1,964	4	142			
1,945	7	051			
1,889	12	232			
1,870	8	004			
1,855	6	213			
1,774	5	052			
1,752	4	114			
1,711	5	302			
1,694	9	143			
1,669	8	330			

daß an den Anschlußstellen der Seitenteile des Probenhalters zu dem wassergekühlten Metallblock ein Wärmegefälle besteht. Damit erklärt sich, daß für Substanzen mit einem scharfen Umwandlungspunkt in der Hochtemperatur-Kammer immer ein Umwandlungsbereich gefunden wird. Für die Untersuchungen an K_2SO_4 wurde Co-Kα-Strahlung verwendet. Da ein Wärmeverlust durch Konvektion vermieden werden sollte, wurden sämtliche Untersuchungen im Vakuum durchgeführt. Um den Zeiteinfluß während der

Messungen möglichst klein zu halten, wurde ein Winkelbereich von 38 bis 32° in den angegebenen Temperaturschritten überfahren.

Die Auswertung dieser Aufnahmen ergab:

Temperatur (°C)	*d* (Å)	*Δd* (Å)	*Δd* (%)	relative Intensität
20	2,904	0	0	100
	2,993	0	0	58
	3,133	0	0	3
100	2,910	0,006	0,21	100
	3,011	0,018	0,60	75
	3,151	0,018	0,58	2
200	2,918	0,014	0,48	100
	3,023	0,030	1,00	71
	3,159	0,026	0,83	1
300	2,924	0,020	0,69	100
	3,033	0,040	1,34	63
	3,179	0,046	1,47	3
400	2,928	0,024	0,83	100
	3,045	0,052	1,74	74
	3,189	0,056	1,79	4
500	2,940	0,036	1,24	100
	3,068	0,075	2,50	83
	3,220	0,087	2,78	7
580	2,945	0,041	1,42	100
	3,086	0,093	3,12	79
	n. b.*	–	–	–
585	2,945	0,041	1,42	77
	3,086	0,093	3,12	100
	n. b.*	–	–	–
590	2,948	0,044	1,52	100
	3,095	0,102	3,42	79
	3,170	0	0	4
595	2,945	0,041	1,42	100
	3,104	0,111	3,70	47
	3,170	0	0	54
600	2,954	0,050	1,72	100
	3,095	0,102	3,42	17
	3,159	0,011	0,35	69
610	2,954	0,050	1,72	100
	3,093	0,100	3,34	11
	3,160	0,010	0,32	59

* n. b. = nicht beobachtet

Temperatur (°C)	d (Å)	Δd (Å)	Δd (%)	relative Intensität
620	2,936	0,032	1,12	100
	3,104	0,111	3,70	9
	3,162	0,008	0,25	78
630	2,940	0,036	1,24	100
	n. b.*	–	–	–
	3,166	0,004	0,13	68
700	2,941	0,037	1,28	69
	n. b.*	–	–	–
	3,170	0	0	100
900	2,942	0,038	1,31	59
	n. b.*	–	–	–
	3,176	0,006	0,19	100

* n. b. = nicht beobachtet

Die relativen Intensitäten wurden aus Höhe × Halbwertsbreite ermittelt.
Die entsprechenden Röntgenbeugungsaufnahmen sind in Abb. 9 zusammengestellt.

10.1 Bestimmung des Phasenwechsels aus dem Entstehen oder Verschwinden charakteristischer Peaks bei der Gitterumwandlung

Es kann zunächst allgemein bei Hochtemperaturuntersuchungen immer in den ersten Temperaturschritten (50–300° C) eine geringfügige Erhöhung der Intensität festgestellt werden. Bis 580° C kann dann außer einer Intensitätsminderung keine wesentliche Veränderung festgestellt werden (s. Abb. 9). Bei 585° C beginnt die Interferenz (130) relativ stark zuzunehmen, die Interferenz (022) wird geschwächt. Bei 590° C zeigen beide Interferenzen eine Schwächung. Es ist sehr schwach der Beginn einer Gitterumwandlung zu erkennen. Die Interferenz (102) der hexagonalen α-Phase erscheint. Bei 595° C ist die Gitterumwandlung zu ca. 50% erfolgt. Bei 600° C ist außer einer Intensitätsschwächung kein Reaktionsfortschritt zu erkennen. Bis 620° C nimmt die α-Phase zu, wobei dann bei 630° C nur noch die α-Phase existiert. Im Bereich noch höherer Temperaturen tritt eine Schwächung der relativen Intensitäten ein. Ab 1050° C kann infolge des hohen Unordnungsgrades der Gitterbausteine bis zum Schmelzpunkt keine Interferenzerscheinung mehr beobachtet werden. Der Schmelzpunkt wurde zu 1090° C ermittelt. Hierfür ist maßgebend, daß die Atome durch die Wärmebewegung aus ihrer elastisch gebundenen Lage ausgelenkt werden (Temperaturrauhigkeit der Netzebenen). Für die Intensitäten der Reflexe bedeutet dies, daß sie durch die Temperaturschwingungen sehr herabgesetzt werden.
Die Intensitäten werden um den Faktor e^{-2M} herabgesetzt, wobei nach Debye gilt:

$$M = \frac{6\,\mathrm{h}^2 \sin^2 \vartheta}{m \cdot k \cdot \Theta \cdot \lambda^2} \left(\frac{1}{4} + \frac{\Phi(x)}{x} \right) \qquad x = \frac{\Theta}{T}$$

Θ = charakteristische Temperatur
m = Atommasse
h = Plancksches Wirkungsquantum
k = Boltzmann-Konstante

$$\Phi(x) = \frac{1}{x} \int_0^x \frac{z \cdot dz}{e^z - 1} \quad \text{(Debye-Funktion)}$$

Die Hysterese bei der Gitterumwandlung von β- in α-K_2SO_4 beträgt 35° C. Der Umwandlungsbeginn kann mit 595° C angegeben werden. Dieser Wert weicht um 12 Grad von dem in der Literatur angegebenen ab. Dieser relativ günstige Wert konnte nach mehreren Versuchen auf Grund einer sehr geringen Schichtdicke und einer niedrigen Aufheizgeschwindigkeit erreicht werden. Außerdem ließ sich K_2SO_4 gut präparieren und besaß eine hohe thermische Leitfähigkeit.

10.2 Bestimmung des Phasenwechsels aus der Änderung der Gitterkonstanten am Umwandlungspunkt

Es wurde der Versuch unternommen, aus der Änderung der *d*-Werte mit der Temperatur den Phasenwechsel zu erkennen. Die Anisotropie in den Richtungen (022), (112) und (130) der thermischen Ausdehnung ist gut zu erkennen (Abb. 10). Die Streuung ist auf geringe Schwankungen des *d*-Wertes zurückzuführen. Der Phasenwechsel wird deutlich, wenn auch infolge der Hysterese etwas verzerrt. Die Auswertung der Kurven ergibt eine mittlere Umwandlungstemperatur von 590° C. Dieser Wert deckt sich recht gut mit dem unter 10.1 gefundenen.

10.3 Einfluß der Reaktionsdauer auf das Umwandlungsverhalten von β-K_2SO_4

Während displacive Umwandlungen zeitunabhängig sind, ist bei rekonstruktiven Umwandlungen ein deutlicher Zeiteinfluß zu verzeichnen. Hier ist das Umwandlungsverhalten einer Substanz nicht nur von der Höhe der Temperatur, sondern auch von der Dauer der Reaktion bei einer bestimmten Temperatur abhängig. Es wurde der Einfluß

Temperatur (° C)	*d* (Å)	relative Intensität aus Höhe × Halbwertsbreite	Reaktionsdauer (min)
25	2,885	100	
	2,985	56	
	n. b.*	–	
590	2,934	100	
	3,089	87	0
	3,159	11	
590	2,941	100	
	3,084	90	20
	3,157	12	
590	2,940	100	
	3,088	94	40
	3,158	15	
590	2,941	100	
	3,084	68	60
	3,155	19	
590	2,935	100	
	3,086	78	80
	3,156	20	
590	2,937	100	
	3,084	79	100
	3,155	23	

* n. b. = nicht beobachtet

der Reaktionsdauer auf die Umwandlung von β-K_2SO_4 in α-K_2SO_4 untersucht. Für diese Versuche war Voraussetzung, daß die Temperaturverteilung an der Oberfläche gleichmäßig war und der beobachtete Effekt nicht auf einen nachträglichen Temperaturausgleich zurückzuführen war.
Die Ergebnisse gehen aus der vorstehender Tabelle (S. 19) hervor.
Die nachstehenden Röntgenaufnahmen (Abb. 12) lassen deutlich den Einfluß der Zeit auf den Umwandlungsgrad von β-K_2SO_4 erkennen. Die *d*-Werte bleiben nahezu unverändert. Die für die Hochtemperaturphase in der Literatur angegebenen *d*-Werte stimmen mit den von uns gefundenen nicht überein. Es wurde angenommen, daß diese Werte auf Zimmertemperatur bezogen waren. Mit einer Umrechnung der eigenen *d*-Werte konnte diese Vermutung bestätigt werden.
Der Kurvenverlauf zeigt deutlich, daß nach einer Reaktionszeit von 60 Minuten die Reaktionsgeschwindigkeit merklich abnimmt. In dem Maße, wie die α-Phase zunimmt, sollte die β-Phase abnehmen, was durch unsere Ergebnisse teilweise auch bestätigt wird (Abb. 11 und 12).

11. Fehlermöglichkeiten

Es sollen hier nur einige Fehlermöglichkeiten besprochen werden, die von direktem Einfluß auf das Meßergebnis sind.

11.1 Apparative Fehler

Fehler	Ursache	Abhilfe
Die Temperaturverteilung an der Oberfläche des Pt-Rh-Heizelementes ist stark ungleichmäßig.	Die Einspannung der beiden Seitenlaschen ist nicht symmetrisch. Die Wärme wird an die wassergekühlten Metallblöcke verschieden intensiv abgeführt.	Die Laschen müssen in gleicher Länge eingespannt werden.
	Die Schweißperle ist zu groß und die Führung der Thermopaardrähte falsch, so daß zuviel Wärme vom Mittelpunkt des Heizelementes abgeführt wird.	Neue, kleinere Schweißperle und richtiges Führen der Thermodrähte.
Die Temperaturmessung ist ungenau.	Die Schichtdicke ist zu groß. Die Anschlüsse der Thermodrähte sind nicht einwandfrei durchgeführt. Die Aufheizgeschwindigkeit ist zu groß. Die Führung der Thermodrähte entspricht nicht den Vorschriften.	Die Schichtdicke muß bei ausreichender Dichte und Ebenheit der Probenoberfläche so gering als möglich gehalten werden. Auf einwandfreien Kontakt der Thermodrahtanschlüsse ist besonders zu achten. Die günstigste Aufheizgeschwindigkeit ist in den vorliegenden Untersuchungen angegeben.

11.2 Fehlmessungen

Fehler	Ursache	Abhilfe
Die Röntgenaufnahmen zeigen starke Schwankungen der Intensitäten.	Es liegen orientierte Kristalle vor. Dies ist auf Löslichkeit im Suspensionsmittel zurückzuführen.	Trockene Präparation.
Das Intensitätsmaximum wird nicht erreicht.	Die Probe erfüllt nicht die Bedingung der unendlichen Dicke. Die Höhen- und Azimuteinstellung ist nicht sorgfältig durchgeführt.	Die Präparation ist mit größerer Sorgfalt auszuführen. Die Höhen- und Azimuteinstellung muß nachgeprüft werden.
Die *d*-Werte lassen sich nicht exakt einstellen.	Die unter 2. beschriebene geometrische Bedingung ist nicht erfüllt.	Zunächst mit den Verstellschrauben nachjustieren. Wenn damit kein Erfolg erzielt wird, muß die Kammer neu geeicht werden.
Ein sehr häufig zu beobachtender Fehler ist das Aufspalten eines Peaks in zwei Maxima.	Dieser Fehler konnte immer dann beobachtet werden, wenn die Probenoberfläche ungleichmäßig präpariert oder infolge von Bläherscheinungen gewölbt war. Die Reflexionsbedingung für eine Netzebene ist dann für mehrere Winkel erfüllt. Eine entsprechende Röntgenaufnahme zeigt Abb. 13.	Gleichmäßige und saubere Präparation. Bei Proben, die zum Blähen neigen, empfiehlt sich vorsichtiges Vortempern.

12. Einfluß der Interferenzen des Pt-Rh30-Heizelementes

Die Röntgenstrahlen werden an den Außenkanten des Pt-Rh-Heizelementes und bei geringer Schichtdicke der Substanz auch von der Oberfläche selbst reflektiert. Diese Interferenzen werden dann auf der Röntgenaufnahme mit sichtbar. Es ist deshalb wichtig zu wissen, bei welchen *d*-Werten diese Peaks auftreten, wie groß jeweils ihre relative Intensität ist und wie die *d*-Werte sich mit der Temperatur ändern. Pt und Rh kristallisieren kubisch. Damit ist die lineare Ausdehnung in allen Gitterrichtungen relativ gleich. Bei sehr genauen Bestimmungen der *d*-Werte im Bereich hoher Temperaturen muß die *d*-Wert-Änderung des Heizelementes berücksichtigt werden. Eine Korrektur dieser *d*-Wert-Änderung mit Hilfe der Vertikalverstellschraube ist deshalb möglich, da die Änderung der *d*-Werte sehr klein ist. Es wurde die stärkste Interferenz der Pt-Rh-Unterlage in den angegebenen Temperaturschritten bezüglich der Änderung ihres *d*-Wertes untersucht. Dann ergibt sich die umgekehrte Möglichkeit, aus der *d*-Wert-

Änderung der Pt-Rh-Legierung die Genauigkeit einer Temperaturmessung zu überprüfen. Für die Hauptinterferenz wurden folgende Werte festgestellt:

Temperatur (°C)	d (Å)	Δd (Å)	Δd (%)	Temperatur (°C)	d (Å)	Δd (Å)	Δd (%)
20	2,232	0	0	600	2,240	0,008	0,359
100	2,232	0	0	700	2,241	0,009	0,404
200	2,232	0	0	800	2,243	0,011	0,494
300	2,233	0,001	0,045	850	2,244	0,012	0,538
400	2,237	0,005	0,224	860	2,244	0,012	0,538
500	2,238	0,006	0,269	870	2,244	0,012	0,538
550	2,238	0,006	0,269	875	2,244	0,012	0,538
560	2,238	0,006	0,269	880	2,245	0,013	0,584
570	2,238	0,006	0,269	900	2,247	0,015	0,674
575	2,238	0,006	0,269	1000	2,248	0,016	0,718
580	2,239	0,007	0,314	1100	2,252	0,020	0,897
585	2,239	0,007	0,314	1200	2,256	0,024	1,030
595	2,239	0,007	0,314	1300	2,258	0,026	1,170
				1400	2,260	0,028	1,255

Folgende weitere Interferenzen der Pt-Rh-Unterlage sind bei 20° C von Interesse:

Interferenz d (Å)	relative Intensität
2,221	100
1,927	54
1,361	10
1,163	24

13. Das Umwandlungsverhalten der Alumosilikate Kyanit, Andalusit und Sillimanit

13.1 Allgemeines

Die Alumosilikate Kyanit, Andalusit und Sillimanit haben in der Feuerfest-Industrie eine große Bedeutung für die Herstellung technischer Sillimanit- und Mullitsteine. Die chemische Zusammensetzung der drei Alumosilikate ist $Al_2O_3 \cdot SiO_2$, beim Erhitzen gehen sie in Mullit, $3\,Al_2O_3 \cdot 2\,SiO_2$, und Cristobalit bzw. eine SiO_2-reiche Glasphase über. Arbeiten über das Umwandlungsverhalten dieser Alumosilikate gehen schon bis in die 20er Jahre zurück, in denen sich z. B. W. Greig mit der temperaturabhängigen Umwandlung von Kyanit, Andalusit und Sillimanit in Mullit und Glas beschäftigte.
W. Greig gibt dabei an, daß der Kyanit merklich ab 1200° C, der Andalusit bei 1350° C und der Sillimanit ab 1550° C in den Mullit übergehen. Die Arbeiten, die bis heute über das Umwandlungsverhalten der Alumosilikate Kyanit, Andalusit und Sillimanit er-

schienen sind, nehmen einen so breiten Raum ein, daß sie im Rahmen dieser Veröffentlichung nicht im einzelnen behandelt werden können. Es sei daher nur auf einige zusammenfassende Arbeiten von F. W. Perry [6], von H. E. Schwiete und Mitarbeitern [7, 8] sowie von Konopicky und Mitarbeitern [9] verwiesen, die einen guten Überblick über den letzten Stand der Forschung und eine ausführliche Zusammenstellung von Daten über die Minerale Kyanit, Andalusit und Sillimanit geben.

Das Brennverhalten dieser Stoffe ist sowohl an pulverförmigem als auch an stückigem Material von Schwiete, Müller-Hesse und Orhun [7], Schwiete, Müller-Hesse und Wilkendorf [8], sowie von Konopicky und Patzak [10] ausführlich untersucht worden. Mit Hilfe der Hochtemperatur-Röntgenographie sollte an geringen Probenmengen versucht werden, den Umwandlungsbereich der oben genannten Minerale zu ermitteln und die Umwandlungstemperatur möglichst genau festzulegen.

Darüber hinaus sollte geklärt werden, ob die Umwandlung von Kyanit, Andalusit und Sillimanit in den Mullit direkt oder über eine Zwischenphase erfolgt.

Der natürlich vorkommende Kyanit, Andalusit und Sillimanit enthält jeweils wechselnde Mengen von Fremdmineralen wie Hämatit, Boehmit, Rutil, Glimmer, Quarz und Korund. Es ist bekannt, daß gerade Oxide wie Fe_2O_3, TiO_2, Alkalien und Erdalkalien die Umwandlungstemperaturen erheblich heruntersetzen können. Aus diesem Grunde wurde versucht, durch eine chemische Behandlung der Ausgangsstoffe den Grad der Verunreinigungen herunterzudrücken, um die Versuche mit möglichst reinen Substanzen durchführen zu können. Dazu wurde das in der Scheibenschwingmühle zerkleinerte und auf einer Korngröße < 60 μm abgesiebte Material mit 10%iger HF behandelt, anschließend 30 min. in Salzsäure (1:1) gekocht und danach mit heißem Wasser ausgewaschen und im Trockenschrank bei 110°C getrocknet. Von den so vorbehandelten Rohstoffen wurde der Mineralbestand quantitativ mittels Röntgenbeugung festgestellt. Die chemische Zusammensetzung der Proben wurde mit der Röntgenfluoreszenzanalyse ermittelt.

13.2 Das Umwandlungsverhalten des Kyanits

Röntgenographisch konnten in der HF-behandelten Probe außer Kyanit keine weiteren Minerale festgestellt werden. Die Röntgenfluoreszenzanalyse ergab folgende Zusammensetzung:

Al_2O_3	64,7 %
SiO_2	34,3 %
TiO_2	0,39%
Fe_2O_3	0,15%
CaO	0,11%
K_2O	0,06%
MnO	0,02%
ZrO_2	0,11%
MgO	< 0,2 %
Na_2O	< 0,2 %
Glühverlust	0,06%
Summe	99,90%

Die chemische Zusammensetzung des Kyanits entspricht somit in etwa derjenigen, wie sie auch in der Arbeit von Schwiete, Müller-Hesse und Orhun [8] angegeben wurde.

Abb. 15 zeigt die Röntgenbeugungsdiagramme des Kyanits bei 20, 1000, 1250, 1300 und 1350°C. Für die Diagramme wurde der Winkelbereich $\Theta = 7{,}5$ bis 24° gewählt. In der Aufnahme bei 20°C sind lediglich die Interferenzen des Kyanits und die des Platin-Heizbleches zu beobachten. Auch bei einem Erhitzen der Probe auf 1000°C veränderte sich die Lage der Interferenzen sowie ihre Höhe nicht. Eine Intensitätsänderung sowie das Auftreten neuer Peaks ist erst bei einer Temperatur von 1250°C zu beobachten. Am Auftreten der Interferenzen 5,40, 2,89, 2,54, 2,43 und 2,12 Å läßt sich die Neubildung des Mullits eindeutig beobachten. Daneben gehen die Interferenzen des Kyanits sehr stark zurück, und die 3,35 Å Interferenz verschiebt sich nach 3,38Å, was ebenfalls auf die Umwandlung des Kyanits zum Mullit hinweist.
Es ist jedoch bei dieser Temperatur festzustellen, daß Kyanit und Mullit nebeneinander existieren, da in der Aufnahme noch zahlreiche Interferenzen vom Kyanit zu beobachten sind. Eine Erhöhung der Sinterungstemperatur auf 1300°C bringt einen starken Rückgang des Kyanit-Anteils und zeigt deutlich, daß sich die Umwandlung von Kyanit in Mullit dem Ende nähert. Auf Grund der koinzidenzfreien Interferenz 3,18 des Kyanits läßt sich jedoch sagen, daß auch bei 1300°C noch ein geringer Anteil von Kyanit in der Probe vorhanden ist. Bei 1350°C ist die Umwandlung vollkommen abgeschlossen, in dem entsprechenden Röntgenbeugungsdiagramm sind nur noch die Interferenzen des Mullits und die des Platin-Heizbleches zu sehen.
An Hand der Röntgenaufnahmen konnte ein Überblick gewonnen werden, bei welcher Temperatur eine Umwandlung des Kyanits in den Mullit einsetzt. Weiter wurde festgestellt, welche Interferenzen des Kyanits am deutlichsten den Beginn der Umwandlung erkennen lassen.
Der letzte Punkt war deshalb von Wichtigkeit, weil im folgenden die genaue temperaturabhängige Umwandlung des Kyanits an einem begrenzten Ausschnitt aus einem Röntgenbeugungsdiagramm verfolgt werden sollte. Wir haben zur Klärung dieser Fragen die Interferenzen 3,18 und 3,35 Å des Kyanits sowie die neuauftretenden Interferenzen des Mullits von 3,42 bzw. 3,38 Å gewählt. Die Temperatur wurde beginnend bei 1200°C von 10 zu 10°C bis zur Endtemperatur von 1350°C gesteigert. Die Veränderung dieser Peaks in Abhängigkeit von der Temperatur ist in Abb. 16 zusammengestellt. Danach sind im Bereich von 1200 bis 1220°C lediglich die Interferenzen 3,18 und 3,35 Å des Kyanits zu beobachten. Ab 1230°C tritt – mit steigender Temperatur immer deutlicher werdend – die 3,42Å-Interferenz des Mullits auf. Daneben nehmen die Intensitäten der Kyanit-Interferenzen deutlich ab, und der 3,35Å-Peak des Kyanits verschiebt sich zu höheren Werten.
Es muß jedoch hinzugefügt werden, daß diese Verschiebung von 3,35 über 3,37 zu 3,38 Å erst ab 1250°C eindeutig festgestellt werden kann. Der Kyanit läßt sich durch die 3,18 Å-Interferenz noch bis zu Temperaturen von 1320°C nachweisen. Den Einfluß der Sinterungszeit auf die Mullitisierung des Kyanits bei 1250°C zeigen die in der Abb. 17 zusammengestellten Röntgenbeugungsdiagramme. Danach ist nach 120 Minuten nur noch ein geringer Restanteil des Kyanits zu erwarten, wie die sehr schwach ausgebildete Hauptinterferenz 3,18 Å des Kyanits beweist.
Aus den vorliegenden Aufnahmen läßt sich somit folgern, daß die Umwandlung des Kyanits bei 1240 $\pm$ 10°C beginnt und bei einer Temperatur von 1330 $\pm$ 10°C abgeschlossen ist. Diese Ergebnisse stimmen mit den in der Literatur vorhandenen Daten gut überein [10, 11, 12]. Etwaige Unterschiede bei der Angabe der Umwandlungstemperaturen dürften in erster Linie auf den unterschiedlichen Gehalt an Fremdoxiden im Ausgangsmaterial zurückzuführen sein [9, 13], der bei den verschiedenen Autoren unterschiedlich hoch angegeben wird.
Die vorliegenden Untersuchungen zeigen jedoch, daß es für ein bestimmtes Kyanit-

Material mit einem definierten Gehalt an Fremdoxiden mit Hilfe der Röntgenhochtemperaturuntersuchungen möglich ist, seine Umwandlungstemperatur in Mullit exakt festzulegen.

13.3 Das Umwandlungsverhalten des Andalusits

Bei dem Andalusit wurde röntgenographisch auch nach der HF-Behandlung ein restlicher Quarzanteil von ca. 3% festgestellt. Die chemische Zusammensetzung des Materials wurde mit Hilfe der Röntgenfluoreszenzanalyse ermittelt und ergab sich zu:

Al_2O_3	63,10%
SiO_2	35,00%
TiO_2	0,66%
Fe_2O_3	0,70%
ZrO_2	0,05%
MgO	$<$ 0,20%
CaO	0,08%
K_2O	0,28%
Na_2O	$<$ 0,20%
Glühverlust	0,06%
Summe	99,93%

Zur Zusammensetzung des Andalusits muß gesagt werden, daß der Fe_2O_3- und der TiO_2-Gehalt relativ hoch ist. Eine Flußmittelwirkung dieser beiden Komponenten läßt sich auf Grund der vorliegenden Untersuchungen nicht abschätzen, jedoch ist ein Vergleich mit den ebenfalls an Andalusiten durchgeführten Brennversuchen von Konopicky und Patzak [10] möglich. Um einen Überblick über das Einsetzen der Umwandlung des Andalusits zu Mullit zu bekommen, wurden mit der Hochtemperatur-Röntgenkammer wiederum Übersichtsaufnahmen angefertigt, für die ein Winkelbereich von $\Theta = 7{,}5$ bis 16,5° gewählt wurde.

Die Temperatur wurde im Bereich von 1200 bis 1500° C schrittweise gesteigert, die entsprechenden Röntgenbeugungsdiagramme sind in der Abb. 18 zusammengestellt. Bis zu einer Temperatur von 1300° C lassen sich auf den Aufnahmen lediglich die Interferenzen des Andalusits und des Quarzes erkennen. Oberhalb 1300° C sind erstmals bei einer Temperatur von 1350° C die Mullit-Interferenzen 5,40, 3,42, 3,38 und 2,88 Å zu beobachten. Diese Mullit-Interferenzen nehmen mit steigender Temperatur immer mehr zu, während die Hauptinterferenzen für den Andalusit stetig abnehmen und in der Aufnahme bei 1500° C nicht mehr zu erkennen sind. Nach diesen Übersichtsaufnahmen scheint die Umwandlung des Andalusits in den Mullit oberhalb 1300° C zu beginnen, und bei einer Temperatur von ca. 1500° C abgeschlossen zu sein. Es fällt jedoch auf, daß bei der Röntgenbeugungsaufnahme bei 1300° C eine Deformierung des Röntgenpeaks bei einem *d*-Wert von 3,35 bzw. 3,38 Å zu beobachten ist. Außerdem läßt sich bei dieser Temperatur schon eine beträchtliche Intensitätsabnahme der Andalusit-Interferenzen 5,54, 4,53, 3,92 und 2,77 Å beobachten. Aus diesem Grunde wurde bei den folgenden Versuchen zur genaueren Festlegung der Umwandlungstemperatur des Andalusits in den Mullit die Probentemperatur schrittweise von 1250° C aufwärts um 10° gesteigert und entsprechende Röntgenaufnahmen angefertigt. Die temperaturabhängige Änderung der Probenzusammensetzung geben die aus dieser Versuchsreihe ausgewählten Beugungsdiagramme in Abb. 19 wieder. Aus diesen Aufnahmen ist ersichtlich, daß der Quarzanteil oberhalb 1250° C verschwindet und eine erste Mullit-

bildung auf 1270° C festgelegt werden kann. Das Auftreten der Interferenzen 5,40, 3,42 und 3,38 Å ist ein Kriterium für die beginnende Mullitbildung. Diese Angabe der Umwandlungstemperatur von 1270° C für die Bildung des Mullits aus Andalusit stimmt mit den in der Literatur vorhandenen Daten gut überein [10, 11, 12]. Es zeigt sich aber auch hier wie schon vorher bei der Bestimmung des Umwandlungsverhaltens von Kyanit, daß bei der Bearbeitung eines derartigen Problems mit Hilfe der Hochtemperatur-Röntgenkammer eine nur sehr geringe Steigerung der Reaktionstemperatur vorgenommen werden darf, wenn man den Punkt des Umwandlungsbeginns genau erfassen will. Vergleicht man die Hauptinterferenz für den Andalusit in den verschiedenen Aufnahmen untereinander, so ist im allgemeinen mit erhöhter Temperatur eine Intensitätsabnahme zu verzeichnen. Eine Ausnahme macht die 5,54 Å-Interferenz in der Röntgenbeugungsaufnahme bei 1270° C, was aber vermutlich auf einen Textureffekt zurückgeführt werden muß.
Anschließend sollte noch der Zeiteinfluß bei einer bestimmten Sinterungstemperatur auf die Umwandlung des Andalusits in den Mullit untersucht werden. Für die Untersuchungen wurden eine Temperatur von 1300° C gewählt, die nur 30° C über der Temperatur liegt, die für den Beginn der Mullit-Bildung gefunden wurde. Die Sinterzeit wurde dabei zwischen 5, 30 und 90 Minuten variiert. Die entsprechenden Röntgenbeugungsdiagramme sind in der Abb. 20 zusammengestellt. Bei 1300° C ist schon nach 5 Minuten das Einsetzen der Mullit-Bildung deutlich zu erkennen. Bei einer Verlängerung der Sinterzeit auf 30 und insbesondere auf 90 Minuten läßt sich ein Fortschreiten der Mullit-Bildung beobachten, was sich sowohl in der besseren Ausbildung der Interferenzen 5,40, 3,42 und 3,38 Å für den Mullit als auch in der Intensitätsabnahme der Andalusit-Hauptinterferenzen äußert. Zusammenfassend kann gesagt werden, daß eine Umwandlung des Andalusits in den Mullit bei 1270° C beginnt, daß diese Umwandlung stark zeitabhängig ist und daß bei einer Temperatur von 1500° C die Umwandlung des Andalusits in den Mullit als abgeschlossen betrachtet werden kann.

13.4 Das Umwandlungsverhalten des Sillimanits

Der uns zur Verfügung stehende Sillimanit war mit 32% Korund und ca. 3% Rutil stark verunreinigt. Die Röntgenfluoreszenzanalyse ergab nach der Flußsäure-Behandlung des Materials eine Zusammensetzung von:

Al_2O_3	86,30%
SiO_2	12,20%
TiO_2	0,80%
Fe_2O_3	0,15%
Cr_2O_3	0,05%
ZrO_2	0,22%
MgO	<0,20%
CaO	0,11%
K_2O	0,05%
Na_2O	<0,20%
Glühverlust	0,04%
Summe	99,92%

Bei den Untersuchungen mit der Hochtemperatur-Röntgenkammer wurden ebenfalls wie in den vorhergehenden Fällen zuerst Übersichtsaufnahmen im Winkelbereich von

$\Theta = 7{,}5$ bis 25° angefertigt. Die Sinterungstemperatur wurde dabei von 1300 bis 1600°C schrittweise um jeweils 100° gesteigert. Die Röntgenbeugungsdiagramme sind in der Abb. 21 zusammengestellt. In der Aufnahme bei Raumtemperatur ist deutlich ein relativ hoher Korund-Anteil neben dem Sillimanit zu erkennen. Rutil mit der Interferenz 3,23 Å läßt sich noch bis zu Temperaturen von 1400°C beobachten, tritt jedoch in der Aufnahme bei 1500°C nicht mehr auf. Schon bei diesen Übersichtsdiagrammen zeigte sich die ganze Schwierigkeit, die Umwandlung von Sillimanit in Mullit mit Hilfe von Hochtemperatur-Röntgenaufnahmen zu verfolgen. Die Interferenzen vom Sillimanit und vom Mullit koinzidieren derart stark, daß sich der Beginn der Mullit-Bildung nicht einwandfrei festlegen läßt. Allein in der Aufnahme bei 1500°C ist an Hand des Auftretens der Interferenz 3,39 Å, die dem Mullit zugeordnet werden muß, sowie wegen der starken Intensitätsabnahme der Sillimanit-Hauptinterferenzen der Beginn der Mullit-Umwandlung zu vermuten. Für eine genauere Festlegung der Mullit-Bildung aus Sillimanit müßte das von uns für diese Aufnahmen verwendete Röntgendiffraktometer mit einem speziellen Schrittschaltwerk gekoppelt werden, wie es schon seit langem für quantitative Bestimmungen von Sillimanit neben Mullit [8, 14, 15] verwendet wird. Infolge dieser Schwierigkeit mußten die Untersuchungen über das Umwandlungsverhalten von Sillimanit in diesem Stadium abgebrochen werden. Für eine weitere exaktere Festlegung der Umwandlung des Sillimanits in den Mullit wird es erforderlich sein, Untersuchungen mit einer Kombination von Röntgenheizkammer, Röntgendiffraktometer und Counting-Rate-Computer durchzuführen.

14. Zusammenfassung

Die Verwendung der Hochtemperatur-Röntgenkammer als neues Untersuchungsverfahren setzte umfangreiche Voruntersuchungen voraus, die sich von der Herstellung der Heizelemente über Fragen der Präparation und Temperaturmessung bis zur Feststellung etwaiger Fehlermöglichkeiten bei der Beobachtung von Phasenübergängen erstreckten.

Im ersten Teil dieser Arbeit wurden daher verschiedene Einflußgrößen wie Justierung der Kammer, Schichtdicke des Präparates, Substanzart, Vakuumeinfluß und Meßschrankeinstellung ausführlich untersucht, um die Anwendungsgrenzen der Hochtemperatur-Röntgenographie nicht nur hinsichtlich der Umwandlung von Alumosilikaten, sondern auch für spätere Untersuchungen an anderen Materialien kennenzulernen. Als Eichsubstanz wurden für diese Voruntersuchungen u. a. K_2SO_4 und β-Quarz verwendet.

Wenn auch infolge der recht komplexen Einflußgrößen bei der Hochtemperatur-Röntgenographie quantitative Phasenanalysen mit Schwierigkeiten verbunden sind, so stellt dieses Untersuchungsverfahren in der Gesteinshüttenkunde doch ein wichtiges Hilfsmittel dar, um bei keramischen Materialien Phasenveränderungen, Gleichgewichts- und Ungleichgewichtszustände bis zu hohen Temperaturen zu verfolgen.

Der Einsatz der Hochtemperatur-Röntgenkammer zur Ermittlung des Umwandlungsverhaltens von Alumosilikaten geschah mit dem Ziel, für ein Ausgangsmaterial mit bestimmter chemischer Zusammensetzung einen genauen Temperaturbereich für die Umwandlung in Mullit festzulegen.

Dazu wurden die Ausgangsstoffe zunächst röntgenographisch auf ihren mineralogischen Phasenbestand und mit der Röntgenfluoreszenzanalyse hinsichtlich ihrer chemischen Zusammensetzung untersucht und anschließend die Änderung der Phasenzusammensetzung in Abhängigkeit von der Temperatur mit Hilfe der Hochtemperatur-Röntgenkammer verfolgt.

Für den Kyanit wurde der Beginn der Umwandlung in Mullit bei 1240 $\pm$ 10°C gefunden, während bei einer Temperatur von 1330 $\pm$ 10°C die Umwandlung als abgeschlossen angesehen werden kann. Der Übergang des Kyanits in den Mullit erfolgte ohne Bildung von Zwischenphasen.

Beim Andalusit ließen sich erste Anzeichen für eine Umwandlung in Mullit schon bei 1270 $\pm$ 10°C feststellen, während das Ende dieser Umwandlung erst bei 1500 $\pm$ 10°C erreicht ist. Die Umwandlung erfolgte wie beim Kyanit wiederum ohne das Auftreten von intermediären Übergangsphasen. Es ist jedoch den vorliegenden Untersuchungen zu entnehmen, daß der Andalusit sich innerhalb eines breiteren Temperaturintervalls umwandelt.

Die im Vergleich zu Literaturwerten relativ niedrigen Temperaturen für den Umwandlungsbeginn sowohl beim Kyanit als auch beim Andalusit dürften zunächst auf unterschiedliche Mengen an Verunreinigungen in den Ausgangsmaterialien zurückzuführen sein.

Darüber hinaus ist mit der Hochtemperatur-Röntgenographie und der direkten Beobachtung des Phasenwechsels eine genauere Festlegung des Umwandlungsbeginns möglich, als es bei den üblichen indirekten Verfahren wie z. B. der Abschreckung und nachfolgender Röntgenanalyse der Fall ist.

Hinsichtlich des Umwandlungsverhaltens des Sillimanits konnten mit der vorhandenen Versuchsapparatur nur einige Näherungswerte gefunden werden, nach denen der Beginn für die Umwandlung in Mullit bei ca. 1500°C liegt. Infolge der stark koinzidierenden Interferenzen der beiden Minerale ist bekanntlich eine Trennung der spezifischen Interferenzen nur mit Hilfe des Counting-Rate-Computers möglich. Es muß daher weiteren Untersuchungen vorbehalten bleiben, die Umwandlung Sillimanit–Mullit mit einer Kombination von Röntgendiffraktometer, Hochtemperatur-Röntgenkammer und Counting-Rate-Computer festzulegen.

15. Literaturverzeichnis

[1] Birks, L. S., Apparatus for X-ray Diffraction studies of Metals under Controlled Stress at Elevated Temperatures. Rev. Sci. Instr. 25 (1954) 963–966.

[2] Sowman, H. G., und A. J. Andrews, A Study of the Phase Relations of ZrO_2—TiO_2 and ZrO_2—TiO_2—SiO_2. J. Amer. Ceram. Soc. 34 (1951) 298–301.

[3] Intrater, J., und S. Hurwitt, High temperature, high vacuum diffractometer attachment. Rev. Sci. Instr. 32 (1961) 905/906.

[4] Hurwitt, S., und A. Appel, Study of Phase Transformation with a Low Thermal Inertia High Temperature Diffractometer Attachment. Norelco-Rep. 8 (1961) 90/91.

[5] Smith, D. K., Techniques of High-Temperature X-ray Diffraction Using Metal Ribbon Furnaces. Norelco-Rep. 10 (1963) 19–29.

[6] Perry, F. W., Variability of Mullite as a function of conditions of crystallisation and subsequent heat treatment. Dissertation, Pennsylvania State University Ph. D., 1961, Engineering, Chemical.

[7] SCHWIETE, H. E., H. MÜLLER-HESSE und E. WILKENDORF, Untersuchungen an $Al_2O_3 \cdot SiO_2$-Mineralien als Rohstoffe für feuerfeste Erzeugnisse. Forsch.-Bericht des Landes NRW Nr. 1341 (1964).

[8] SCHWIETE, H. E., H. MÜLLER-HESSE und O. T. ORHUN, Über die Stabilität der Mineralien Kyanit, Andalusit und Sillimanit. Forsch.-Bericht des Landes NRW Nr. 1077 (1962), Opladen.

[9] KONOPICKY, K., und J. PATZAK, Untersuchungen über den Aufbau und die Umwandlung der verschiedenen Minerale der Sillimanit-Gruppe. Forschungsbericht Nr. 1597 (1966).

[10] PATZAK, J., und K. KONOPICKY, Das Umwandlungsverhalten der verschiedenen Minerale der Zusammensetzung $Al_2O_3 \cdot SiO_2$. Tonindustrie 93 (1969) 43–49.

[11] GELSDORF, G., H. MÜLLER-HESSE und H. E. SCHWIETE, Einlagerungsversuche an synthetischem Mullit und Substitutionsversuche mit Galliumoxid und Germaniumdioxid. Arch. Eisenhüttenwesen 29 (1958) 513.

[12] TOSCHEV, VL., Mullitisierung des Kyanits. Stroitelni Mater. Silikatna Prom. 7 (1966) 15–17; Ref.: Chem. Zentralb. 8 (1968), Nr. 2220.

[13] PEARSON, G. R., und D. M. SHAW, Trace elements in kyanite, sillimanite and andalusite. Amer. Mineralog. 45 (1960) 808–817.

[14] PATZAK, J., Beitrag zur quantitativen Mullitbestimmung. Ber. DKG 40 (1963) 300–303.

[15] KONOPICKY, K., und E. KÖHLER, Beitrag zur Ermittlung des Mullits und des Glasanteils in keramischen Erzeugnissen. Ber. DKG 35 (1958) 187–193.

[16] SEMLITSCH, M., Zeitschr. prakt. Metallographie 4 (1967) 503-511

Abb. 1 Norelco-Hochtemperatur-Röntgenkammer am Philips-Großwinkel-Goniometer

Abb. 2 Innenansicht der Hochtemperatur-Röntgenkammer

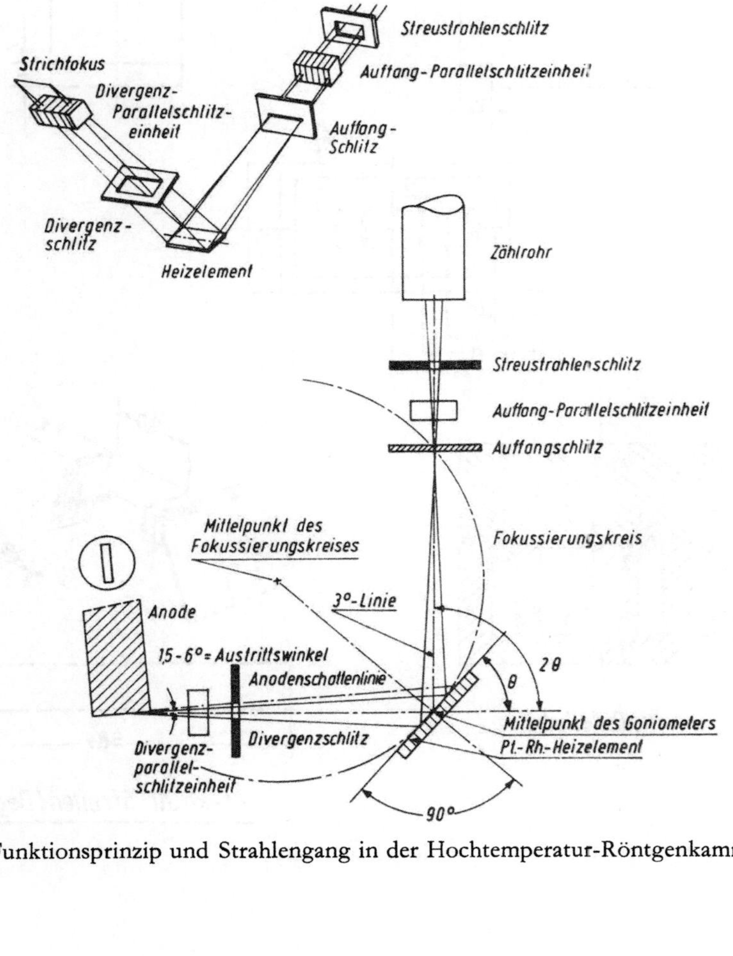

Abb. 3 Funktionsprinzip und Strahlengang in der Hochtemperatur-Röntgenkammer

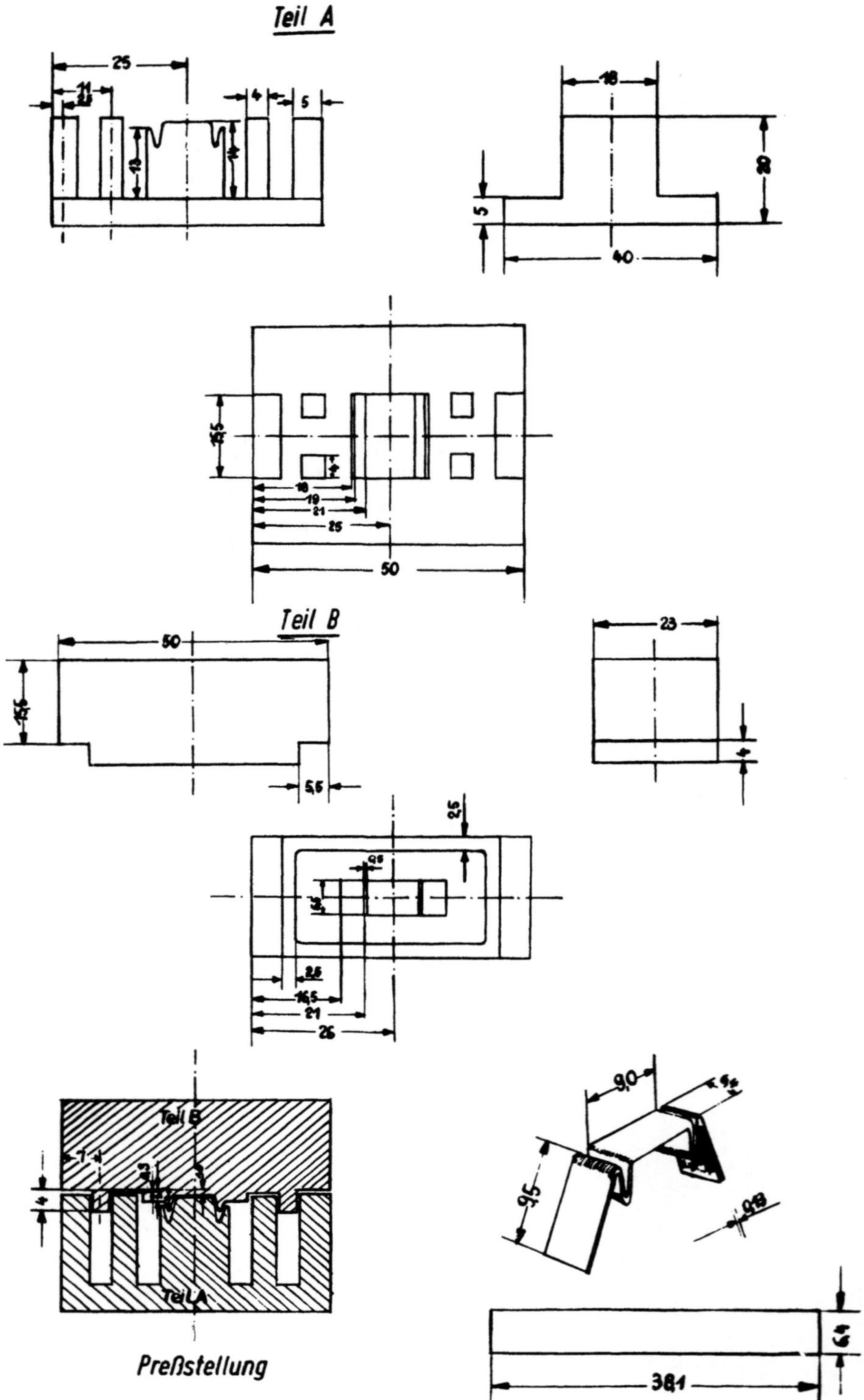

Abb. 4 Preßform für die Herstellung der Heizelemente

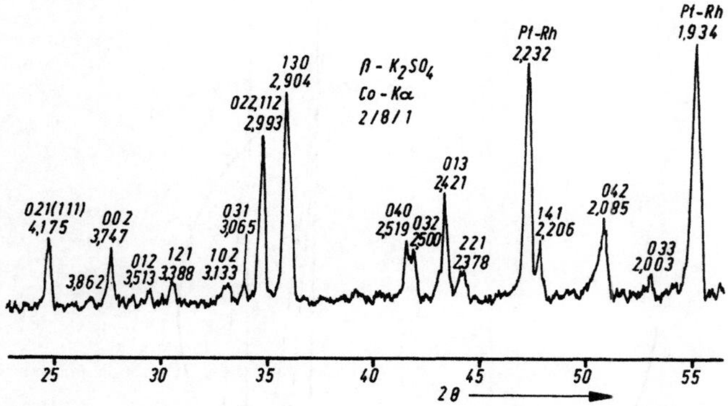

Abb. 5 Röntgenbeugungsaufnahme von β-K_2SO_4 mit der Hochtemperatur-Röntgenkammer

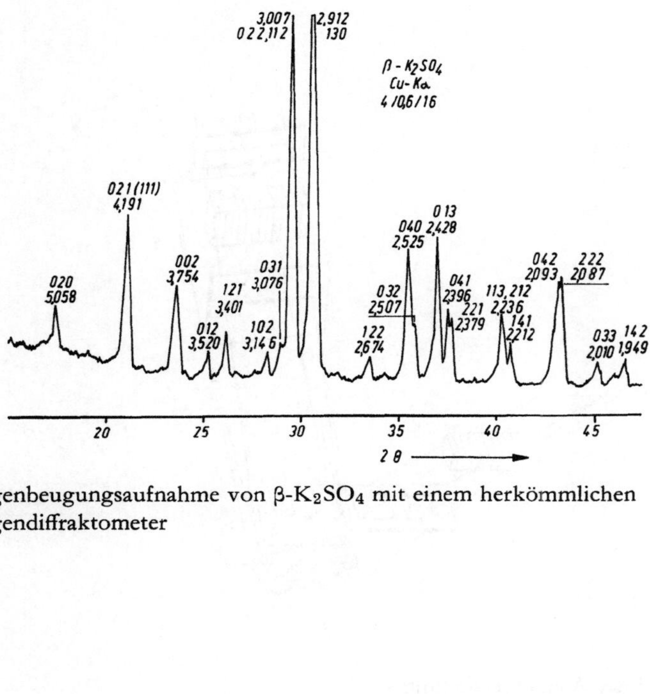

Abb. 6 Röntgenbeugungsaufnahme von β-K_2SO_4 mit einem herkömmlichen Röntgendiffraktometer

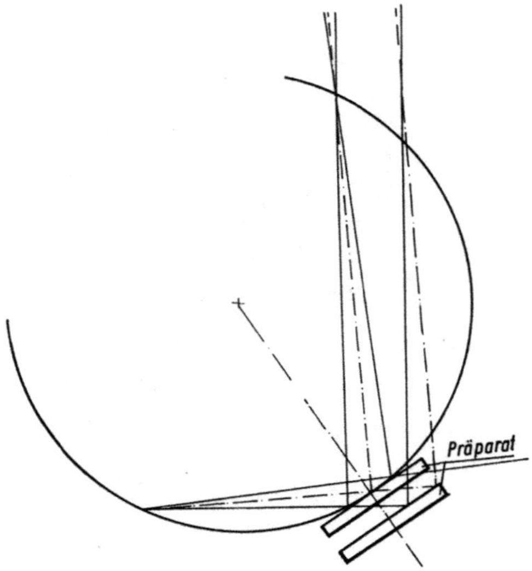

Abb. 7 Einfluß der Höhenverstellung

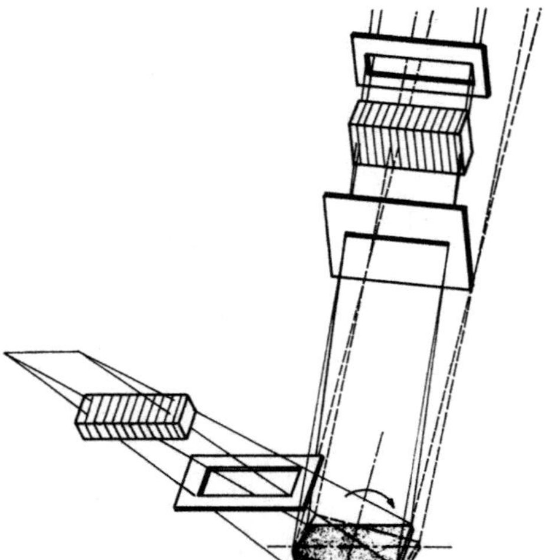

Abb. 8 Einfluß der Azimutverstellung

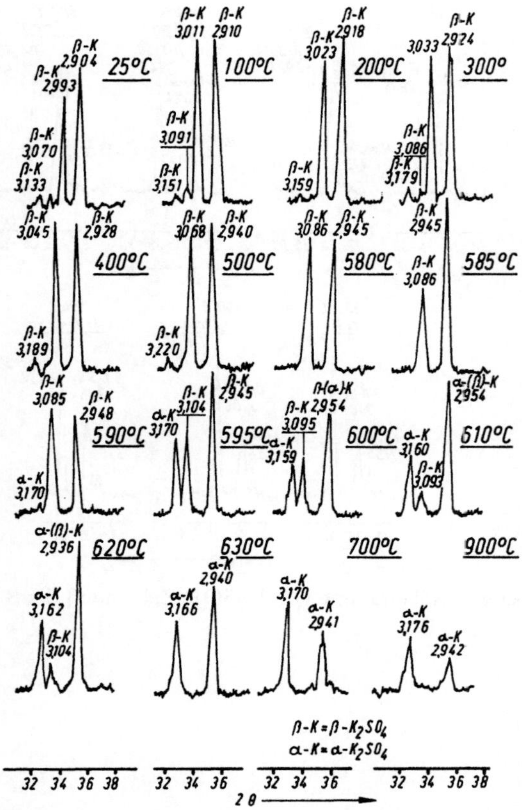

Abb. 9 Röntgenbeugungsdiagramme von K_2SO_4 mit der Hochtemperatur-Röntgenkammer, ausgehend von reinem β-K_2SO_4

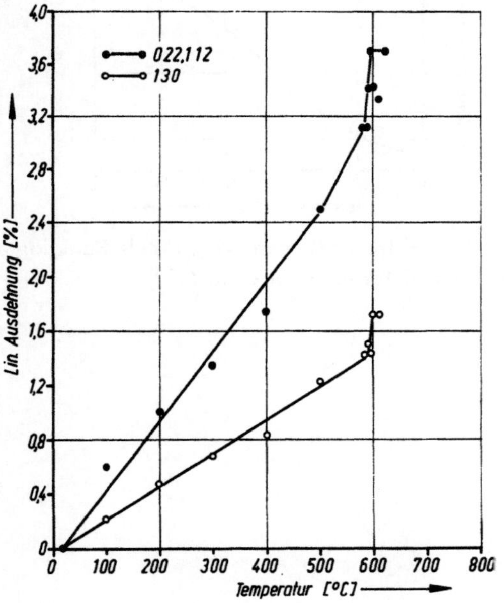

Abb. 10 Anisotropie der thermischen Ausdehnung von K_2SO_4

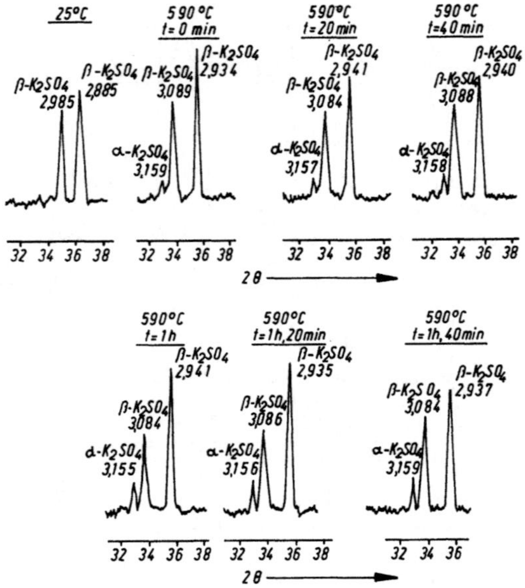

Abb. 11 Röntgenbeugungsdiagramme von K_2SO_4, Zeiteinfluß der β-α-Umwandlung

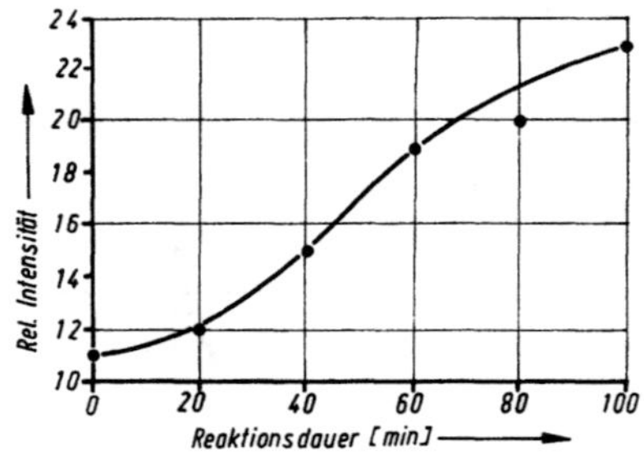

Abb. 12 Zunahme der relativen Intensität von α-K_2SO_4 als Funktion der Zeit bei t = const = 590°C für die Interferenz (102)

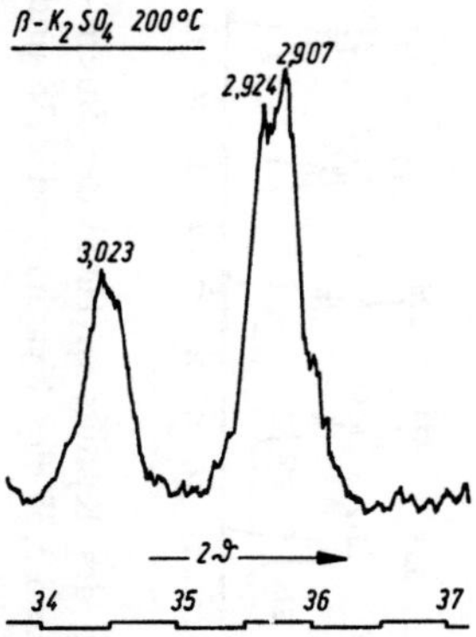

Abb. 13 Beispiel einer Fehlmessung

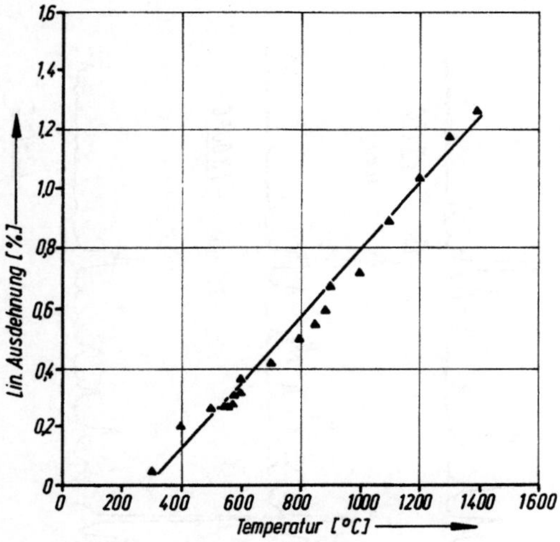

Abb. 14 Lineare Ausdehnung des Pt-Rh-Heizelements (Interferenz 2,232)

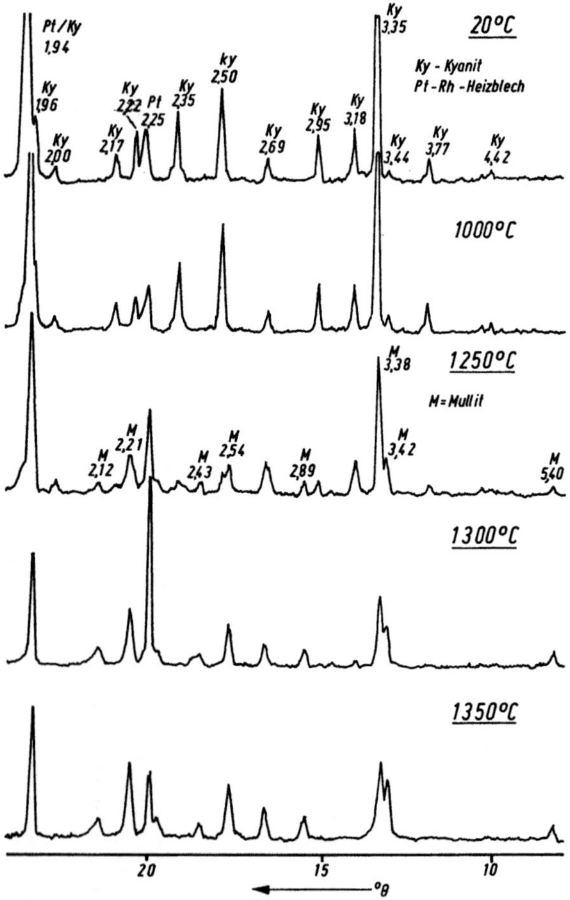

Abb. 15 Röntgenbeugungsdiagramme von Kyanit nach stufenweisem Aufheizen

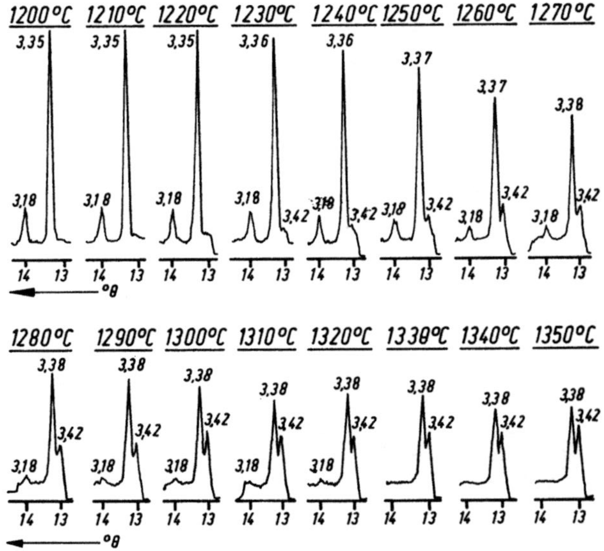

Abb. 16 Mullitisierung des Kyanits an Hand der Interferenzen 3,18 und 3,35 des Kyanits und 3,38 und 3,42 Å des Mullits

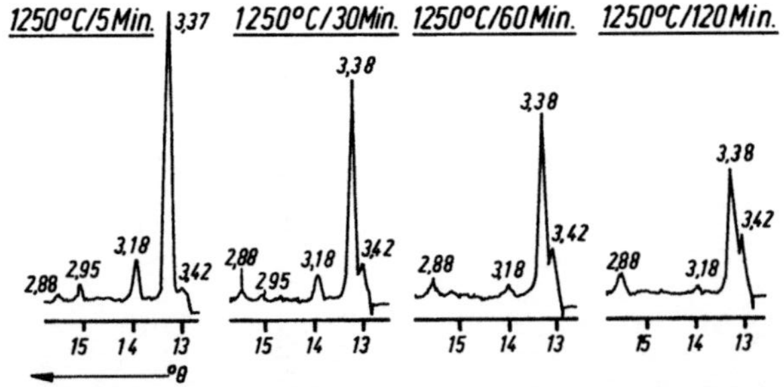

Abb. 17 Zeiteinfluß bei der Mullitisierung des Kyanits

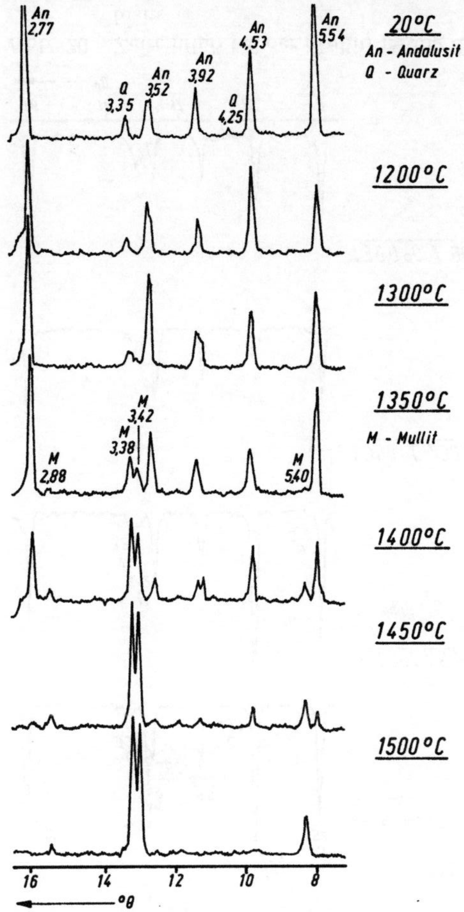

Abb. 18 Röntgenbeugungsdiagramme von Andalusit nach stufenweisem Aufheizen

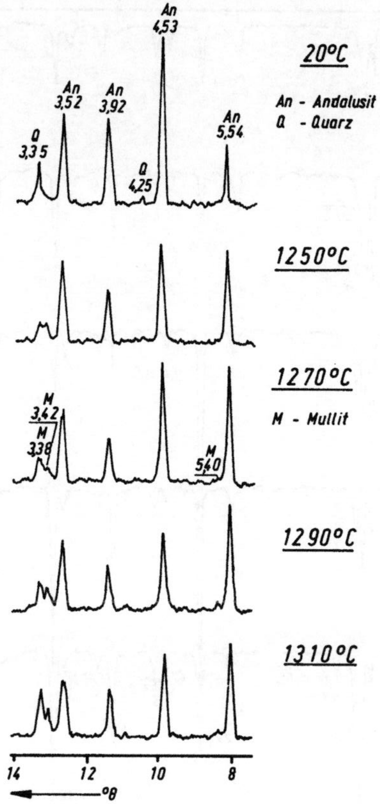

Abb. 19 Mullitisierung des Andalusits in Abhängigkeit von der Temperatur

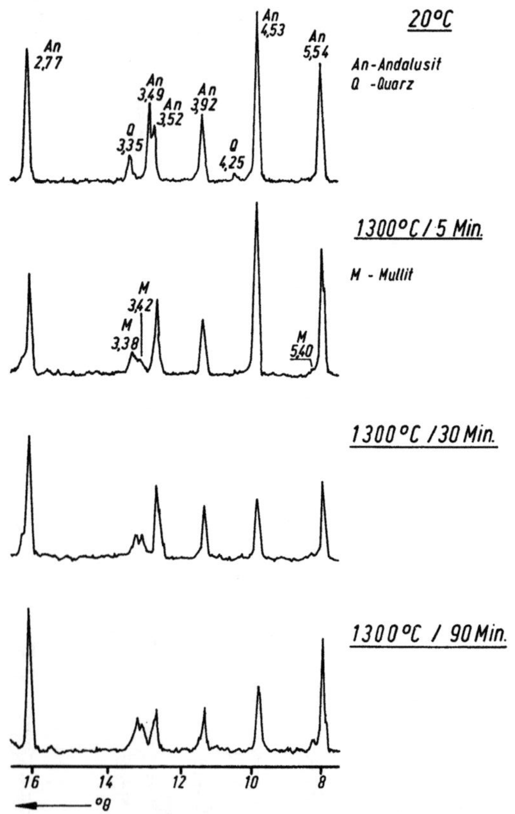

Abb. 20 Zeiteinfluß bei der Mullitisierung des Andalusits

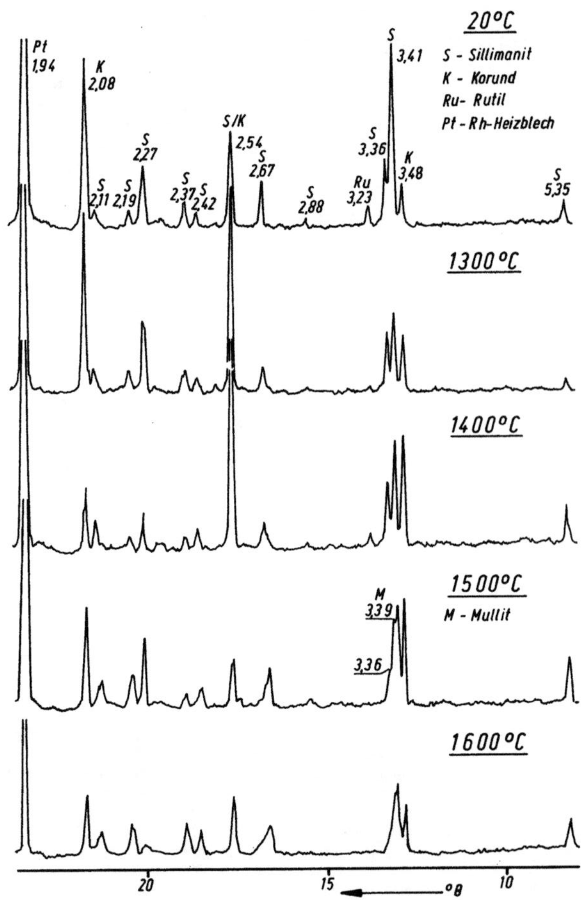

Abb. 21 Röntgenbeugungsdiagramme von Sillimanit nach stufenweisem Aufheizen

Forschungsberichte des Landes Nordrhein-Westfalen

Herausgegeben im Auftrage des Ministerpräsidenten Heinz Kühn
von Staatssekretär Professor Dr. h. c. Dr. E. h. Leo Brandt

Sachgruppenverzeichnis

Acetylen · Schweißtechnik
Acetylene · Welding gracitice
Acétylène · Technique du soudage
Acetileno · Técnica de la soldadura
Ацетилен и техника сварки

Arbeitswissenschaft
Labor science
Science du travail
Trabajo científico
Вопросы трудового процесса

Bau · Steine · Erden
Constructure · Construction material · Soilresearch
Construction · Matériaux de construction · Recherche souterraine
La construcción · Materiales de construcción · Reconocimiento del suelo
Строительство и строительные материалы

Bergbau
Mining
Exploitation des mines
Minería
Горное дело

Biologie
Biology
Biologie
Biologia
Биология

Chemie
Chemistry
Chimie
Quimica
Химия

Druck · Farbe · Papier · Photographie
Printing · Color · Paper · Photography
Imprimerie · Couleur · Papier · Photographie
Artes gráficas · Color · Papel · Fotografía
Типография · Краски · Бумага · Фотография

Eisenverarbeitende Industrie
Metal working industry
Industrie du fer
Industria del hierro
Металлообработывающая промышленность

Elektrotechnik · Optik
Electrotechnology · Optics
Electrotechnique · Optique
Electrotécnica · Optica
Электротехника и оптика

Energiewirtschaft
Power economy
Energie
Energía
Энергетическое хозяйство

Fahrzeugbau · Gasmotoren
Vehicle construction · Engines
Construction de véhicules · Moteurs
Construcción de vehículos · Motores
Производство транспортных средств

Fertigung
Fabrication
Fabrication
Fabricación
Производство

Funktechnik · Astronomie
Radio engineering · Astronomy
Radiotechnique · Astronomie
Radiotécnica · Astronomía
Радиотехника и астрономия

Gaswirtschaft

Gas economy
Gaz
Gas
Газовое хозяйство

Holzbearbeitung

Wood working
Travail du bois
Trabajo de la madera
Деревообработка

Hüttenwesen · Werkstoffkunde

Metallurgy · Materials research
Métallurgie · Matériaux
Metalurgia · Materiales
Металлургия и материаловедение

Kunststoffe

Plastics
Plastiques
Plásticos
Пластмассы

Luftfahrt · Flugwissenschaft

Aeronautics · Aviation
Aéronautique · Aviation
Aeronáutica · Aviación
Авиация

Luftreinhaltung

Air-cleaning
Purification de l'air
Purificación del aire
Очищение воздуха

Maschinenbau

Machinery
Construction mécanique
Construcción de máquinas
Машиностроительство

Mathematik

Mathematics
Mathématiques
Matemáticas
Математика

Medizin · Pharmakologie

Medicine · Pharmacology
Médecine · Pharmacologie
Medicina · Farmacología
Медицина и фармакология

NE-Metalle

Non-ferrous metal
Metal non ferreux
Metal no ferroso
Цветные металлы

Physik

Physics
Physique
Física
Физика

Rationalisierung

Rationalizing
Rationalisation
Racionalización
Рационализация

Schall · Ultraschall

Sound · Ultrasonics
Son · Ultra-son
Sonido · Ultrasónico
Звук и ультразвук

Schiffahrt

Navigation
Navigation
Navegación
Судоходство

Textilforschung

Textile research
Textiles
Textil
Вопросы текстильной промышленности

Turbinen

Turbines
Turbines
Turbinas
Турбины

Verkehr

Traffic
Trafic
Tráfico
Транспорт

Wirtschaftswissenschaften

Political economy
Economie politique
Ciencias económicas
Экономические науки

Einzelverzeichnis der Sachgruppen bitte anfordern

Batch number: 10584556

Printed by Printforce, the Netherlands